知识生产的原创基地
BASE FOR ORIGINAL CREATIVE CONTENT

颉腾商业
JIE TENG BUSINESS

图书在版编目（CIP）数据

九章链术：区块链创新应用与通证模型设计手册 /
陈军著 . —— 北京：中国广播影视出版社，2021.1
ISBN 978-7-5043-8527-7

Ⅰ . ①九… Ⅱ . ①陈… Ⅲ . ①区块链技术—技术手册
Ⅳ . ① TP311.135.9-62

中国版本图书馆 CIP 数据核字 (2020) 第 223015 号

九章链术——区块链创新应用与通证模型设计手册
陈军　著

责任编辑	王佳　刘雨桥	
责任校对	龚晨	

出版发行	中国广播影视出版社
电　　话	010-86093580　010-86093583
社　　址	北京市西城区真武庙二条 9 号
邮　　编	100045
网　　址	www.crtp.com.cn
电子信箱	crtp8@sina.com

经　　销	全国各地新华书店
印　　刷	文畅阁印刷有限公司

开　　本	880 毫米 × 1230 毫米　1/32
字　　数	181（千）字
印　　张	8.5
版　　次	2021 年 1 月第 1 版　2021 年 1 月第 1 次印刷

书　　号	ISBN 978-7-5043-8527-7
定　　价	69.00 元

送给区块链时代的创业者

写作本书前前后后花了将近两年时间，之所以花这么长时间才完成，一方面是因为深觉自己才疏学浅，不敢轻易讨论，每当有所感悟，撰文表达观点总是会在不久以后就发现漏洞百出，难以立论，虽然深知经过不断否定的观点才经得住推敲和检验，但仍然战战兢兢，不敢有一丝骄傲。另一方面是因为我深刻感受到在区块链领域里每天都可能有新的认知，每天也都可能会看到自己的愚蠢和无知。出书在我看来是一件非常神圣而严肃的事。

在本书中我放进了许多区块链应用案例，有些是真实的，有些是虚构的，但我都以严谨的态度确保它们在逻辑上都具备可行性。我希望通过书中的观点讨论和案例拆解能够给区块链落地应用研究领域提供一些可供实验和证伪的道具，从而激发出真正有效的应用理论和方法。

本书适合对区块链已经有一定基础认知的区块链从业者和创业者，如果你是一个不确定现在要用区块链解决什么问题的纯粹知识升级者，建议先看前三章。前三章是我开展区块链应用研究的思想基础和基石假设。首先对区块链是什么给出自己的观点和论据，从而形成几个基石假设，比如我相信区块链的本质是"制造信任的机器";我相信协作度和创新性是区块链应用可行性的重要衡量标准;我相信未来数据会成为最重要的资产之一,等等。基于这些基本的思想基础,我们就可以将区块链技术和思想应用到实践中。

如果你是传统企业管理者,正在思考自己的企业如何拥抱区块链,可以直接跳到第四章开始看。第四至六章是我对区块链落地应用的方式方法介绍,这部分以如何赋能传统企业、赋能政府为核心,同时也提到了数据确权的重要性,实际上第五章讲的就是单纯的数据确权,如果从广义的数权讲,整本书的内容都可以归类为数权的应用研究。

如果你已经有了自己的区块链公司或者正准备区块链创业,正在苦恼通证经济模型和商业模式的设计问题,可以直接从第七章开始看。第七至九章是本书最有意思的部分,我用大量案例来证明我所归纳的通证经济模型设计方法,涉及很多行业和应用场景,你应该会从中得到启发。关于通证的应用,一直是个比较敏感的话题,这使得很多专家和精英人士干脆放弃了对通证的研究,甚至故意回避关于通证应用可行性的观点和实践,这对区块链发展非常不利。我对通证的认识也曾经很迷茫,但是我没有放弃。在身边很多老师、朋友、客户的帮助下,我对通证经济模型落地有了更清晰的认识。我们诠释了没有融资行为和二级市场流通的通证是如何赋能实体和促进商业模式进化的。希望你能从我的拙作中得到一点点有益的收获。

Preface | 前言

2018 年以来，国内关于区块链在传统企业中应用的观点讨论越来越多，有人提出"区块链+"，觉得传统企业都可以用区块链加一下，还起了很多有趣的名字，链改、币改、票改、共票等。但是冷静思考一下，我们会发现传统企业加区块链可能并不是什么灵丹妙药。当初"+互联网"就没怎么成功，现在加区块链会更好吗？要弄清楚这个问题，我们需要对区块链应用场景做个梳理。

在互联网出现的时候，第一批使用互联网技术的不是传统企业，而是一批纯粹的互联网公司，包括雅虎、网景、Google 等。随着互联网和移动互联网的发展，新创企业对互联网的依赖越来越高，不断涌现、不断成长的互联网公司成为我们今天商业形态的主流，而传统企业在"+互联网"的过程中，并没有形成大规模成功转型或升级的现象，绝大多数成了互联网公司的用户，在新的平台上体验新的竞争，在新的竞争形势下更多传统企业败下阵来，被边缘化甚至被淘汰。

分析来看，互联网应用不同于其他新科技的应用方式，互联网是基础设施类技术，是打造平台的工具，不是企业技术升级的工具。企业可以通过使用办公软件让管理更高效，使用自动化设备让生产更高效，却不能把互联网搬到自己的企业里当私有工具用；使用互联网的方式只能是借助别人搭建的平台。

我们再来看区块链，从技术特征来看，区块链也属于基础设施类技术，更确切地说，是用来建设基础设施的，从比特币到以太币再到 EOS 都是公链，公链就是数字世界的基础设施。我们在以太坊上发行数字资产、开发 DApp 应用，以太坊发挥的是操作系统级别的作用，制造以太坊的是区块链技术。那是不是每个企业都需要自己搞个像以太坊一样的公链来提升自己的竞争力呢？显然不是，也不可能做到，因为公链有去中心化属性，不可能是某一个企业自己的工具。既然如此，为什么还有那么多区块链应用的案例和故事在讲，这就要搞清楚什么才算区块链应用，传统企业应用区块链究竟有哪些方式。

区块链是打造基础设施的技术，要应用区块链，首先就要有基础设施存在，一切应用都是对基础设施的应用。我们可以区分出两种区块链组织：一种是基础设施建设的组织，我们可以称之为区块链公司；另一种就是使用区块链公司提供的平台和服务的传统企业或创业公司，我们可以称之为被区块链赋能的公司。

1. 区块链公司（组织）

这类公司以一条公链或联盟链为核心，也有可能是一个通证体系＋社区的组合。准确来说，区块链公司并不是一个公司，而是一个自治组织或联盟，去中心化、多中心化是这类组织的特征。这类组织的治理机制与中心化组织不同，但是无论治理机制和组织形态是怎样的，总要有人的参与和可识别信息。我们对区块链组织的认识通常是与创始人或发起公司锚定，这样更便于我们识别和传播，但是必须清楚，创始人也好、发起公司也好，都不是区块链组织的实际控制人。根据已经出现的区块链基础设施平台和组织案例，我们大致可以分出以下几种类型。

第一种是以比特币为代表的以发行数字货币为核心功能的各种代币公链。这种项目多数都是由个人发起，依靠社群力量凭空创造出来的。这类组织建立的公链基础设施有使用价值的很少，而且其中不乏各种空气币、传销币、资金盘等非法集资和欺诈行为，也就是打着公链的幌子，实际上是可以被控制的系统。目前，被公认为可信公链的只有比特币和以太坊等少数的几个。

第二种是以提供某一领域基础设施为目的的公链或联盟链组织。这些组织有的发通证，有的不发通证。目前，比较多的应用场景是供应链金融平台、溯源平台、存证平台、版权平台、跨境结算平台等。发起开发这种区块链基础设施的一般都是专业区块链技术公司。这些公司都是纯粹的区块链技术开发公司，他们开发了某个区块链基础设施并承担管理职责，通过向传统企业兜售上链服务赚钱。比较尴尬的是，这类公司都是中心化组织，对自己开发的公链都有或多或少的控制权，去中心化程度令人担忧，甚至很多公链、联盟链都没有真正意义的自治组织，所谓分布式记账节点，很多根本就不存在。

第三种是提供 BaaS 平台服务的专业区块链组织。目前，国内几个互联网巨头腾讯、蚂蚁金服（2020 年 7 月，蚂蚁金服已更名为蚂蚁科技集团股份有限公司）、百度、京东都已完成 BaaS 平台建设并向社会开放。巨头建设的区块链基础设施有很强的竞争力，服务范围也非常广泛，而且可以不断增加和升级，这对第二种类型的区块链科技公司来讲是个灾难。虽然巨头发起的 BaaS 平台也不能做到完全去中心化，但是实力和信用都是普通创业公司无法抗衡的，同等条件下，传统企业更愿意使用大公司提供的 BaaS 服务。这些大公司做的普遍以联盟链为主，自治组织以公司机构为主要成员，参与节点都是有一定规模的大公司，管理相对规范。未来这类 BaaS 形式的区块链服务会占据较大的市场份额。

第四种是服务特定产业的生态公链组织。这类组织一般是由某个传统产业的公司发起，基于自身资金、技术、用户等优势开发一条公链。这是一个构建新生态的平台，通过为用户赋能改变生产关系和商业模式。发起人作为第一个使用者，自愿把存量资源率先投入新的生态平台中。生态公链有产业基础和应用场景，是区块链落地应用最广泛的基础设施形态，且具有很强的创新空间，每一类产品或服务都有可能产生若干个生态公链平台。生态公链也是本书的核心主题。但是当前还处在区块链应用的早期阶段，生态公链相关理论和实践总结还不够充分，具体应用过程中也出现了很多有名无实甚至有违法违规性质的案例。例如，个别企业以发行数字货币带动产品销售为目的，使用区块链概念诱导消费者参与代币众筹和多级分销，最终因为项目无法落地导致参与者蒙受经济损失，对此类项目必须提高警惕。

2. 被区块链赋能的公司

区块链公司负责建设基础设施，传统企业和消费者用户都是被基础设施赋能的对象，被赋能的过程就是传统企业应用区块链的过程。四大基础设施中目前已经被有效应用并产生经济价值的主要是第二种基础设施，包括电子存证、产品溯源、版权登记、跨境结算，以及第一种基础设施的数字货币和 DApp 开发；第三种基础设施刚刚起步，会在下一阶段显现竞争力。

以电子存证为例，目前国内已有保全网、安存、趣链等科技公司提供专业化电子存证服务，另外蚂蚁链、腾讯区块链等 BaaS 平台都已开放电子存证 SDK 接口，可以支持用户自主实现交易合同或任何数据信息的电子存证。区块链电子存证即是对每个用户的直接赋能，让网上交易更安全；也是对网络交易平台公司的赋能，这些平台公司使用区块链存证服务可以提升平台的可信度，让用户更放心地在平台上交易。

从电子存证场景来看，传统企业应用区块链并不复杂，如果是一个互联网交易平台，为用户提供撮合交易时如果涉及电子合同，就可以选择使用第三方已经做好的电子存证基础设施，这就是传统企业上链，就这么简单。目前，使用电子存证的传统企业还非常少，从事电子存证的平台服务商只有十几家，还是一个蓝海市场。

再如产品溯源，与电子存证一样，已经有很多公司开发了溯源平台，有公链也有联盟链。有些产品可以比较容易地使用溯源平台，比如品牌类产品做信息溯源，而其他类似原产地溯源、过程溯源就比较麻烦，会涉及具体产品如何数字化、如何上链的技术研发，这部分内容在正文中有专门论述。

思考传统企业如何应用区块链，就像思考如何管理自己的新媒体矩阵一样，官方微博、官方公众号、官方头条号、官方抖音号，每一个你都要做而且别无选择，你必须跟上否则就会落后。在区块链时代，也会有一些区块链巨头组织，掌握某一场景的唯一基础设施，只不过这个组织是去中心化的，规则公正且可信赖，我们都自愿参与。

Contents | **目录**

第三章 重构

第四章 赋能

第八章 创新

第九章 启示

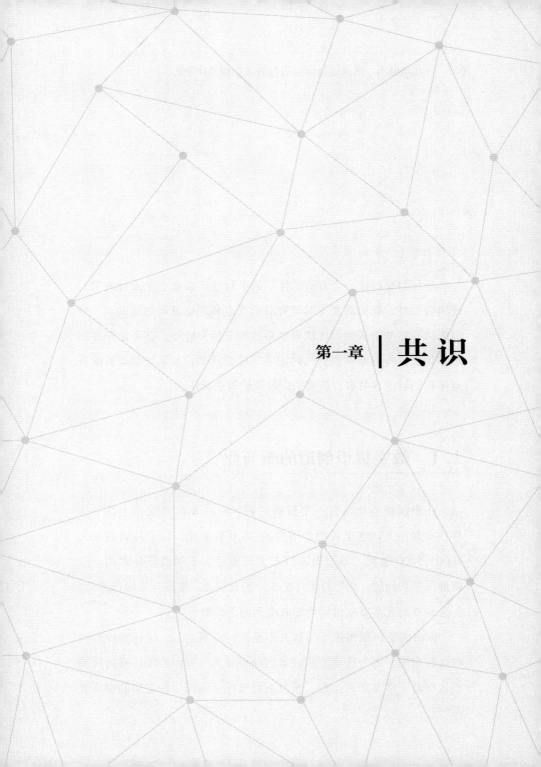

第一章 | 共 识

当我们要讨论一个方法论体系的可行性，或者一个设计方案的逻辑合理性，我们需要先对其背后的观点和理论基础达成共识，只有先接受这些前提假设才能理解后面的分析和陈述，甚至是一些猜想和预测。所以本章我们先讨论区块链是什么，如果您接受我的观点那我们就达成共识，后面的内容就值得您读下去。

1.1 数字货币创造的新商业

在中国香港地区有一个特殊的群体——菲律宾女佣（以下简称"菲佣"），这里长期生活着 40 多万名菲佣，每个月的薪水为 4000—5000 港元。她们出来打工主要还是为了赚钱贴补家用，这就涉及汇款问题。如果每个月汇 500 港元回家，按照当地银行牌价，汇这 500 港元需要支付大约 200 港元的手续费。

你可能觉得很震惊，但这并不是银行"黑心"，银行最少需要收这些费用，因为跨境汇款成本的确很高。一直以来银行间的跨境汇款都是非常复杂的业务，涉及不同银行、不同币种之间的结算关系、汇率、头寸、反洗钱等环节，一般情况下，非主流货币之间的汇兑结算都要一周甚至两周才能到账。

　　鉴于这么高的费用，菲佣就没办法月月汇款，只能攒一个大数目汇回去，或者大家凑在一起汇款。这都是没有办法的办法，她们真正的需求是小额国际汇款服务。那么，由谁来提供这项服务呢？在中国香港地区有很多私人汇款公司，一般被称为"地下钱庄"，专门从事这种汇款业务。这些汇款公司收取最低 10% 的手续费，虽然在一定程度上能够满足一部分人小额汇款的需求，但这仍是一笔很高的费用。

　　直到 2015 年，一家区块链公司看到这个市场机会，他们开发了一款区块链电子钱包，在中国香港地区和菲律宾两地使用。这家公司通过在两地发展大量比特币兑换服务商来搭建国际汇款通路。这样，在中国香港地区工作的菲佣通过 App 找到比特币服务商把港元换成比特币，在 App 内转账到菲律宾家人的账户，菲律宾那边同样通过 App 找到身边的比特币服务商，把比特币换成菲律宾比索。这个过程最快可以在几分钟内完成，最慢几小时也搞定了，而且成本极低。一开始这项业务基本都是免费的，据官方表示，如果按照 10% 的手续费计算，仅 2016 年，平台就为汇款人节省了 1 亿美元手续费。

　　后来业务逐渐规范，这家公司开始发行自己的美元稳定币[①]，并与更多国家和银行开展合作，把全球小额汇款手续费降到了最

---

① 稳定币是基于某个法定货币或价值相对恒定的资产发行的数字货币，美元稳定币是指以美元为锚定资产发行的数字货币。

高 0.6% 的水平，而且没有最小金额限制。这家公司就是 OKLink，2019 年被德勤咨询公司评为"香港地区未来之星"[①]企业。自从 OKLink 用数字货币掀开小额跨境汇款的面纱，大家突然发现一个巨大商机就摆在面前。

按照世界银行在 2016 年年初发布的报告，2015 年全球小额汇款总量为 6000 亿美元，按 10% 估算大概有 600 亿美元手续费，这就是区块链可以为每个参与者带来的经济价值。于是全球众多区块链创业公司瞄准这个领域，其中也不乏互联网巨头和国际金融机构。

2018 年 8 月蚂蚁金服旗下的蚂蚁区块链[②]在产品发布会上高调演示了从中国香港地区到菲律宾跨境汇款 3 秒到账的区块链产品，其目标也是争夺香港菲佣的跨境汇款市场。

通过这个案例，我想告诉大家，小额跨境汇款是现实的需求，但却是一个未被合理解决的需求，加密数字货币的出现为跨境汇款降低成本和提高效率提供了绝佳解决方案，于是就诞生了基于数字货币的小额跨境汇款服务，一个新兴行业因数字货币而出现和蓬勃发展。可以说，没有数字货币，就没有小额跨境汇款这个行业的真正兴起。

所以我们应该相信，加密数字货币不是洪水猛兽，如果善加利用，不但可以创造许多新的商业机会，甚至可以诞生一个新行业。

---

① 2019 年 11 月 8 日，德勤主办，数码港、港交所及香港科学园全力支持的「2019 香港高科技高成长 20 强暨香港明日之星」评选活动。

② 2020 年已升级为"蚂蚁链"。

1.2 区块链技术创造的新商业

提起互联网金融，大家都不陌生，尤其是 P2P 网络借贷平台。P2P 从 2012 年开始迅速火爆，很快就出现大量虚假标的、高息理财、非法集资乱象，然后开始崩盘、爆雷、跑路。高峰时期全国有近 5000 个 P2P 网络借贷平台，随着监管部门不遗余力地清理整顿，到 2019 年年底，就只剩下 115 家，清理整顿的力度可见一斑。为什么要提 P2P 呢？因为我们注意到 P2P 网络借贷的兴起使互联网上的行为开始大规模涉及财产安全问题。

以往我们使用网络都是谨小慎微的，甚至很多人至今还坚持不用网络支付，担心自己的财产安全。我们一般不会在网上签署和财产有关的法律合同或者协议，但是 P2P 让很多人被高息理财和快速放贷所诱惑冲了进去。这些网络理财和借贷通常没有纸质合同，而是使用电子合同，当你遇到网络欺诈或者违约行为时，这些电子合同就要作为证据去寻求法律保护。

但是因为合同是网上签署的，所以你会面临诸多困难。首先是合同签署意愿是否真实的证明，双方可以找到诸多理由否认事实。更悲催的是，如果平台方把数据库销毁了，那么你凭一份自己打印的电子文档更是难以胜诉，而且你可能根本没有打印。

因此，如何让电子合同能安全保存并成为司法证据，成为一个非常现实的问题。

2015 年，某互联网公司发现区块链技术可以实现数据安全存储和不可篡改的效果，于是他们开发了一个区块链记账平台，目标是帮助互联网平台把线上交易的合同信息保存下来，建立一个可信证据链平台，这样既可以保护用户利益，又能够增强用户对平台的信任度，显然是一个有效市场需求。

但是作为数据保存的第三方，你自己的可信性变得非常重要，单凭区块链技术的去中心化概念还无法打动用户和平台，也不能成为司法证据。

这家公司非常聪明，他们说服了地方公证处和司法鉴定中心一起组成联盟链共同记账。当时能够说服官方机构参与区块链还是非常不容易的。有了公证处和司法鉴定中心的加持，在这条链上记录的电子合同就具备了真正的可信性。

用户在网络平台上签署电子合同的全部过程，包括音视频采集、签字、指纹都被加密存储到区块链数据库中，一旦发生违约，用户可以凭借密码在第三方区块链平台上调出自己的电子存证信息，并申请公证处出具正式公证书。

公证处因为在合同签订之初就参与了记账，对信息真实性已经验证，所以能够立即出具公证书并收取公证费。凭借公证书和电子合同文本，用户就可以向法院提出诉讼并出具相关证据得到维权。

在这个场景中，这家公司运用区块链技术解决了互联网上电子合同无法取证的现实问题，并且把这个工具做成一个可以赚钱的生意。在商业竞争白热化的今天，大家都在苦苦寻觅那个没有被发现的痛点，产品和服务的颗粒度越来越小。而电子存证就是一个极其小的业务缝隙，借助区块链技术，他们生生把这个缝隙做成了一个行业。

这家公司是重庆易保全网络科技有限公司，根据官网数据显示，截至 2020 年 3 月 6 日，这家公司已累计完成存证业务 20 亿笔，保全用户量 3423 万。现在的电子存证行业已经是一个非常成熟的区块链应用领域，国内已经有多家专业存证服务公司，并将业务拓展到商务合同、版权保护等更多领域。可以肯定，未来我们在网络上的交易行为只会更多而不是更少，电子存证业务的市场规模几乎是没有边界的。

通过这个案例，我想告诉大家，区块链技术在解决电子合同存证问题上发挥了不可替代的作用，可以说，没有区块链技术，电子存证行业就不会出现和蓬勃发展，甚至已经开始打价格战。

1.3 区块链是加密的分布式记账技术

从技术角度解释区块链，我们一般会说它是一种加密的分布式记账技术，其落足点是记账技术，也就是将要记账的信息先加密再分散存储到若干个记账设备上。这样解释虽然正确，但显然不方便普通人理解和传播，我试着用一个故事来解释加密的分布式记账技术是怎么实现的。

几十年前，某政府保密部门接到一个任务——有一些重要文档需要进行保管，但是条件非常苛刻，要求不能使用物理保险装置，因为这样可能面临盗窃、暴力、火灾等风险；也不能保存在计算机设备或网络中，因为网络攻击无处不在，防不胜防；还要尽量做到永久保存。

如果是你，你会如何解决这个难题？大家可以暂停一下，思考思考。

显然以当时的技术手段，这个问题似乎无解，但是保密部门居然找到了一种解决方案。

方案是这样的，他们选择几种发行量比较大的报纸，买下报纸上一个专栏的撰稿权，然后把要保存的文件信息以某种加密方式编写到文章中，再把这些文章以连载的方式发表在报纸上，这些报纸每天连续不断地被发行，通过各种渠道被送到世界各地和千家万户。

这个看似简单的办法，真的实现了不用网络、不用物理安全设施，还能安全永久保存信息的目的。

首先，读者并不能从文章中直接读出要保存的信息，因为只有掌握解密手段的人才能还原，这就是加密性。

但是每个读者、订阅者都是不知情的保管者，这就是分布式存储，而且这种保管对保密部门来说是没有成本的。更重要的是，保密部门随时可以找回存储的信息，除了庞大的政府部门会订阅无数份报纸并收藏，更多的社会组织和个人也都是保管者，总会有一个人手里还留着那份报纸，这就实现了信息的可追溯性。

还有，报纸一旦印刷发行就无法再修改，如果真有错误也只能在下一期报纸上发布一个更正启事，任何人对自己手中的报纸进行篡改都是无意义的，我们只需要多拿几分报纸就知道正确的信息应该是哪个。这就是信息的不可篡改性。

我们把报纸的这些特性，用区块链术语来表达，就是分布式记账和不可篡改，如果再增加一个加密的动作，就构成了加密的分布式记账技术。

报纸是物理介质，区块链是数字技术，所以你可以把区块链看成是数字世界发行报纸的一种技术，并且是与现实世界一样的体验。所不同的是，区块链不是一个确定中心化组织在发布信息，而是由某一个订阅者发布信息，所有订阅者共同接收和保管。

对比特币有了解的人会知道，比特币每10分钟记一次账，每次记账就产生一个新区块，这些区块首尾相连地被记录在数据库里，就形成一条链，区块链由此得名。

其实报纸也是这样。一份报纸不只有一个专栏，每份报纸可以登载很多信息，假设这些信息分别属于不同的人或机构，他们都在利用这份报纸记录和保存自己的信息。一份日报定稿了就意味着一个区块形成，然后每24小时就会印刷发行一期，这就是一次记账，如此连续不断地发行下去，每天的报纸连接在一起就是这份报纸的区块链。

报纸有很多品牌，每个品牌都有自己的特色和规模，比如美国《金融时报》可以比作比特币，《纽约时报》可以比作以太坊，每个品牌就是一个区块链项目。

以上是用报纸的逻辑来解释区块链技术概念，然而真实的区块链应用都是在互联网上实现的，记录的是数字资产的产生和交易信息，读者变成计算机存储设备，报纸变成数据库中的一段记录，报社变成程序代码。

你可以向对区块链不熟悉的人讲报纸的故事，但这只是对区块链技术的形象比喻，你用报纸可以形象地解释"区块链"三个字，却不能完美解释区块链的社会价值和商业价值。关于区块链是什么，不同的人会期待不同的答案，所以接下来我们再从另外三个角度理解什么是区块链。

1.4 区块链是解决问题的新思路

"区块链是解决问题的新思路"，把这句话展开讲，应该是，"区块链是基于加密和去中心化理念将多项技术组合起来解决问题的新思路"。

这样说来，我们是把区块链定义为一种思维模式，而不是一项专门的技术。这与其他如云计算、人工智能、物联网、基因编辑等等技术有所不同，这些技术都是用来解决某一类问题的专门技术，而区块链技术是可以拿来当治理工具和管理手段的。

就拿 2020 年的新型冠状病毒肺炎疫情来说，你只要稍加关注，就会发现，经常有关于区块链如何解决疫情中各种问题的新闻、讨论文章、直播分享、线上培训等内容出现，每个人根据自己对区块链的理解给出自己的解决思路。政府也提出了探索区块链如何参与社会治理的指导意见，并拿出专项科研奖励资金鼓励官方和民间机构立项研究，显然这已经不是一个单一技术所能够做到的了。

在专家眼中，区块链俨然已经成了一把"屠龙刀"，哪里出了问题、哪里有社会舆论，就可以站出来提出一个区块链解决方案。那为什么区块链可以超越技术概念，成为一把解决问题的"屠龙刀"呢？

我们可以从两个方面理解这个问题。

◎ 技术结构

仔细分析区块链技术，就会发现，区块链技术并不是一种单一技术，而是若干技术的组合叠加，这一点也是很多技术专业人士瞧不起区块链的重要原因。我见过一些传统技术"大牛"，说起区块链都是不屑一顾，理由很简单，"'什么加密''什么分布式存储'我早就在用了"。

区块链技术确实不是技术创新，最早可以追溯到 1997 年，亚当·贝克发明哈希现金，这是比特币哈希算法的技术原型；1998 年，戴伟发明匿名的分布式的电子加密货币系统——这是比特币分布式记账的技术原型；2004 年，哈尔·芬尼发明工作量证明机制——这是比特币共识机制的原型；2008 年，中本聪提出比特币设想，他把这些技术组合起来就有了比特币。后来很多人模仿比特币制造山寨币。这就需要解释一下他们使用的是什么技术，是"能够建立起数字货币网络的技术就被称为区块链技术"，再准确一点，用技术特性来定义，那就是加密的分布式记账技术。

我们看到，在这个发展过程中先有比特币，后有区块链概念形成，区块链只是一个便于描述比特币实现逻辑的抽象化称呼。

所以从技术结构来看，区块链就不是一种技术。不仅如此，构成区块链的技术单元也不是固定的：早期只有哈希加密算法、分布式记账、梅克尔树、P2P 网络和共识机制；后来以太坊加入了智能合约技术，就有了区块链 2.0 概念；最近几年零知识证明、边缘计算、IPFS 等新兴技术也都被融入区块链技术体系，未来肯定还会有更多新技术加入。从这个角度来说，区块链是基于特定核心理念的技术组合。那么是什么核心理念呢？是加密且去中心化的核心理念，所以只要能为核心理念服务的新技术都可以归入区块链技术范畴。

◎ 使用方式

区块链通常是用来打造底层服务的，而其他技术一般都是用来实现具体功能的。这有点像中医和西医的区别：中医讲究釜底抽薪，调理人体的基础设施；西医讲究针对具体问题，需要什么用什么。

任何区块链应用都需要先有一个提供记账服务的底层基础设施，也就是一条链；这就像操作系统，我们使用的任何软件应用，都离不开操作系统的支持，只不过为了开发便利，操作系统数量很少。

而以区块链方式建立的基础设施可以有很多，甚至一个功能场景就对应一个基础设施，比如比特币、以太币、EOS 等，这些数字货币都有一条自己的公链基础设施。

这意味着用区块链解决问题，通常是可以从根儿上重新思考的，不会受现有基础设施和环境条件制约；同时，区块链除了使用代码编程，还会用到机制设计，也就是逻辑自恰的制度安排。

在每一个区块链应用场景中，我们都能看到充满创意和逻辑缜密的商业模式和经济模型设计，甚至在很多情况下，机制设计的重要性会超过技术设计的权重，这样看来区块链还真不是新技术那么简单。

借用一句村上春树的句式："当我们讨论区块链技术时我们在讨论什么？"我们讨论的是如何设计基于加密算法、去中心化、自组织、共识等理念的商业模式和经济模型，目的是解决问题和创新创造。

总结一下，区块链在技术结构和使用方式上都明显不同于一般计算机技术，区块链具有很强的思维启发意义，就像互联网时代我们都需要掌握互联网思维，区块链思维可能是我们在下一个时代需要掌握的解决问题的重要思维方式。

1.5 区块链是制造信任的机器

"区块链是制造信任的机器"，这个解释非常重要，我们称之为区块链的本质。什么是本质？我们认为本质就是变化的事物背后那个不变的规律，比如万有引力、熵增定律、相对论，这都是本质，也可以叫作第一性原理。当你掌握了本质，就可以解释后面的一切变化，也可以区分什么是真、什么是假。

那什么是区块链的本质？简单概括，就是"区块链是制造信任的机器"（这个定义出自 2015 年的《经济学人》杂志）。如果更严谨地表达，我们认为应该是"区块链是数字世界制造信任的机器"。

如何理解这个定义？我们首先把信任和机器分开。什么是信任？信任在不同学科理论中有不同的解释，但是我们还是可以看到它们的共同点，比如相信和依赖，但是这仍然很抽象，那么信任的具体表现形式是什么呢？

我们认为应该是被信任的过程和工具。信任的本质是可以做到被信任，我们相信一个人、一个结论、一台机器是因为这个对象具备被信任的条件，不是我要努力相信你，是你要努力让我相信。当我们希望得到信任时，不是去要求别人信任我，而是我自己要先做到可以被信任。

所以制造信任就成为达成信任的必要过程。人并不天生具备被信任的条件，信任都是被制造出来的，而信任是抽象的，它需要一个载体，我们称之为信任工具，比如货币就是最重要的信任工具。

你如果想购买一件商品，就必须支付货币给对方，这样才能得到商品。你应该清楚对方愿意把商品给你，并不是出于对你的信任，而是因为对钱的信任——他相信这些钱是可以被其他人接受的，这就是共识前提。而钱的价值并不是你赋予的，不信，你自己画一张钱给他，他可能会揍你。

钱的价值是政府通过法律赋予的，所以叫法定货币。而政府凭什么能够赋予一张纸与商品进行交换的价值呢？这来自一种更高级的信任——"共同想象"，正如《人类简史》所论述的"一起想象，让人类编织出种种共同的虚构故事"①。

"共同想象"解决了信任从无到有的问题。人类先想象了国家是可以无条件信任的主体，然后就可以把制造信任工具的工作交给国家这个想象的东西，而国家的根基是法律。

---

① 出自《人类简史》第 26 页，中信出版社，2014 年 11 月第 1 版。

法律作为基础，不仅可以支撑政府的信任，还可以支撑公司、合同、货币、证券等各种信任工具。公司法、合同法、证券法让人们相信公司是可以用来合作和为之奋斗的，合同一旦签订，双方就会主动履行，股票是可以代表某种权利或权益的，汇票是可以作为支付工具的。

所以货币、合同、证券、发票、营业执照、身份证、房产证、驾驶证这些都是信任工具。离开它们，我们将寸步难行。现实生活中信任工具是社会经济活动的必要条件，制造信任工具的机器就是法律和政府。

那区块链如何成为制造信任的机器呢？

我们刚才讲的是现实世界，与之相应的还有一个数字世界，那就是互联网上的世界。如果我们把货币看作信任工具，把政府看作制造信任的机器，在当前的区块链数字世界里，我们就可以把比特币看作是数字货币，把区块链看作是政府。

比特币之所以被一部分人当作货币或者资产看待，是因为这些人共同相信比特币背后的区块链代码是可以信任的，就如同这些人也相信他们各自所在的政府一样。

跟政府一样，区块链也是无形的，也是一个基于共同想象的虚构体，不一样的是，政府是依赖人治的体系，可能存在不稳定、失信等现象。而区块链构建的程序系统是以代码治理为核心且永远不会改变的，只要网络存在，它就是永恒的。

区块链是制造比特币的机器，同样也是以太币、EOS 及各种区块链应用产品背后的制造机器，区块链在数字世界中的作用就如同政府和法律在现实世界中的作用，它可以制造货币，也一定可以制造身份证、合同、营业执照、发票、有价证券等数字世界需要的信任工具。

如果我们注定要从现实世界走向数字世界，就必然要准备好数字世界中的各种信任工具，这就是区块链作为改变世界的技术，所必须具备的核心能力。在未来的数字世界，一切都会因为区块链而被重构。

今天我们看到的林林总总的区块链应用，如果要判断其真伪和优劣，就可以提出一个最简单的问题：这个项目中区块链制造的信任工具是什么？

1.6 区块链是事实的证明人

生活中事实总是会被蒙上厚厚的面纱，为了得到事实，我们常常会付出沉痛的代价。历史学家为了证明某个历史事件是否真的发生，可能要穷尽一生的时间做大量的研究，即使这样也未必能找到事实。

为什么证明事实这么难？因为事实是通过传播呈现在我们眼前的，而在传播的过程中常常会被扭曲和改变，这一点突出表现在各种历史文献的记录和传承上，以及各种文字语言传播活动中。我在写本书的过程中会用到一些案例，为了让案例更符合我要表达的内容，通常会对其做一些修改补充；如果你把我的案例讲给别人听，你一定也会讲成自己的版本；这样传播下去，最初的信息必然会越来越失真。如果你要传播我的观点理论，那就更有可能漏洞百出，无法还原。

心理学研究表明，人的一切行为都是有动机的，只不过大部分情况下是本能需求产生的动机，也就是隐性动机——我们根本意识不到自己为什么这么做。所以只要我们传递信息的方式要依靠人的参与，就无法避免信息被篡改和遗漏，尤其是长时间多次的传递。

最好的解决方式就是建立一套不可能被人为干预的事实记录机制：要么不传递，要么只能如实传递。

我们在前言中讲到过区块链电子存证创造新商业。电子存证作为网络行为的存在证明，可以成为司法证据，这是因为区块链能够将事实发生的过程完整准确地保留下来。

一般情况下，我们都是对已经发生的事实进行证明，事实发生的过程通常无法再现，所以需要提供直接证据和间接证据，形成一个天衣无缝的逻辑闭环：因为但凡有其他可能，都无法做出绝对可信的判断。

区块链解决事实证明问题，依靠的是用一种可信的方式对事实进行记录，这种记录本身就是自己的证据，所以不再需要其他佐证。这也是区块链神奇的创造之一，我们称之为自举能力。

其实，区块链实现自举的逻辑并不复杂。比如两个人结婚，通常要大摆宴席，把需要知道两个人结婚的相关人员都请来，当着所有人的面宣布事实。此时结婚这个事实就印在了每个受邀而来的人的记忆中。不管到什么时候，面对这些参加过婚礼的人，两个人就无须提供证明了；如果到一个不知道两个人结婚了的地方，这两个人的结婚事实就变成不存在了。

区块链通过建立一个共识体系，把尽可能多的利益相关者连接起来，共同对事实进行记录。这个事实记录，理论上也只是这个共识体系中的信任工具，超出共识体系可能就不会被认可。尽管如此，我们仍然有必要尽可能多地建立这样的共识体系，来解决事实证明问题。

因为当我们的生活中越来越多的经济活动、社会活动都能够以区块链的形式在发生时即被固化为默认事实，我们的交易成本就会大大降低，我们可以互相信任的范围也会更加广阔，以前我们因为不信任而无法进行的交易就可以无障碍地进行。这必然会打开一个更广阔的新天地，会让我们的生活更便利、更快乐。

如果老子那个年代就有了区块链，《道德经》就不会有那么多版本了。

如果茶叶的产地、年代、品质都在一条区块链上被记录，那么我们就不会承受因为信息不对称而付出的百倍千倍的溢价了。

如果每一件艺术品都是艺术家通过区块链同步创作的，那就不会有赝品的困扰，也不会有阻挡非专业人士参与的门槛了。

如果我的书稿是保存在区块链上的，那么千百年后的人依然能看到我原汁原味的内容观点，而不是其他人的二次加工和杜撰。

区块链通过自举，降低信息不对称和交易成本，但不能替代我们对真假对错的判断。事实本身只是一种客观存在，区块链上记录的是数据，数据背后的意义还需要我们自己来判断，如果被记录的本身就是错误信息，我们仍然可以把它用在证明一个错误存在的真实性上。所以说，区块链只记录事实，不保证对错真假。

第二章 | 觉 醒

2.1 重新思考系统安全的实现方式

自从计算机诞生以来，计算机病毒就如影随形，更有黑客前仆后继，于是计算机安全、网络安全一直都是非常重要的工作。但是在传统模式下，我们提高安全水平的手段非常复杂，每发现一个漏洞或风险，就必须立即完善加密措施、增加防火墙、改进硬件设施，等等，尤其是在网络攻击与反攻击的博弈中，攻守双方无限循环，永远没有终结。

很显然，这种对抗是对资源的极大浪费，同时也是一个巨大的竞争市场。据统计，2018年，全球信息安全支出达1142亿美元，不管是降低安全支出，还是替代现有安全手段，都无疑是一个巨大的商机。

自2008年比特币诞生以来，已经过了十余个年头，全世界共同见证了一个非常另类的网络服务系统的存在。在这十余年里，比特币网络服务从未出现过宕机，也没有重启过，只在早期打过一次补丁，之后就未再打过补丁，也没有受到任何有效攻击，可以说这是一个目前为止真正安全且可以长期在线的系统。

更重要的是，这个系统并没有任何防火墙和硬件安全防范的部署，比特币的系统"鲁棒性"几乎超过了全世界任何正在运行的网络服务系统。

比特币能够实现这样好的安全性，主要得益于区块链的去中心化理念和共识机制设计。去中心化将数据的服务和存储任务，以某种规则分配到整个网络中的任意 N 个节点，再通过共识机制设计确保每一次数据记录都是全体节点成员的共同见证。

这使得网络恶意攻击无法有效实现，你可能找到一部分节点以某种手段篡改了数据，但当执行写入动作时，你的篡改都将失效，这使得攻击毫无意义。当攻击不可能改变什么的时候，也就没有了攻击的动机。

虽然拥有 51% 的算力的绝对控制权就能实现篡改，但是这在现实中也是毫无意义的行为。首先，拥有 51% 的算力是一个巨大的成本支出。其次，当一个人拥有了 51% 的算力，也不过只是执行一次双花[①]的机会而已，在比特币开放网络中，这样的行为一定会很快被发现。一方面市场会用看不见的手让作恶者无利可图，甚至损失惨重；另一方面有可能直接引发硬分叉[②]，让你的作恶所得化为乌有。到时候你一个人拿着所有的比特币，其实你什么也没得到。

比特币实现安全和永远在线的另一个关键要素是代码开源。如

---

① 指将一笔数字资产使用两次或两次以上的情形。

② 指当一个区块链系统的共识规则被改变且又不能向前兼容，就会出现一个新的区块链系统，那些没有更新新系统的节点仍然在旧系统中记账，更新新系统的节点会在新系统中记账，这个新系统就是一种硬分叉结果。

果是传统操作系统，比如 Windows、iOS，是无论如何不能将源代码公开的，哪怕是一点点泄露，都可能是灾难，也正是因为需要严格保密，才使得安全成本越来越高。

比特币则完全相反，不但是完全公开的，还可以由社区成员参与修改，当然这种修改只发生在早期的共识建立阶段。也正因为源代码是基于共识确定的，所有规则和流程都是被多方接受的，所以才能形成一个被更多人认可和参与的网络系统。

当代码开源，就意味着一切都暴露在阳光下，黑客也好，普通用户也好，都可以一览无余。但是即使能够发现代码中的漏洞，当你想要进行攻击时，你仍然要面对无的放矢的尴尬——你不知道该攻击谁，只要还有一个比特币账本的备份在，就可以快速形成一个新的比特币网络。

所以，安全问题的核心不是防火墙，而是中心化，只有去中心化才能实现真正的安全，只有去中心化才可以让一个系统永不宕机。

比特币虽然实现了去中心化的安全，但毕竟还是一个比较特殊的应用。要把区块链去中心化思想广泛应用到解决安全问题上，可能还需要区块链技术的进一步完善和提升。至少在消费级支付场景中，去中心化还无法解决高并发的需求，但是我们也看到去中心化游戏、去中心化电子钱包等应用都在不断创新和进步。

必须承认，是区块链把不可能存在的、真正安全且永远在线的系统变成可能，同时还极大降低了安全成本支出，这是区块链对我们传统认知的一次颠覆。

2.2 重新思考个人财富的积累方式

"数字经济"这个概念已经被提出一段时间了。数字经济是指一个经济系统，在这个系统中，数字技术被广泛使用并由此带来整个经济环境和经济活动的根本变化。看到这个概念解释，我似乎看到区块链经济的概念雏形。什么是区块链经济？区块链经济是一个经济系统，在这个系统中，区块链技术被广泛使用并由此带来整个经济环境和经济活动的根本变化。是不是很像？但这不是一个意思。

数字经济所定义的是使用计算机硬件或软件，从事生产、经营、服务和消费活动的经营主体和消费者构成的经济系统，这几乎涵盖了今天我们所能接触到的所有经济活动参与者，毕竟手机就是一个计算机硬件。

但是，区块链经济所定义的应该是运用区块链技术和思想，从事数字信息和数字资产加工、存储、确权、拆分、转移等活动，由分布式硬件、开发者、社群成员构成的经济系统。这里讲的数字资产既包括数字化的有形资产，也包括原生于网络的数字资产，更准确地讲，区块链经济才是更纯粹意义的数字经济。

今天的互联网巨头也好，传统制造业也好，甚至是每个普通人，都或多或少地在使用数据作为生产资料制造产品和服务。消费者通过点赞、提交图文评价获得商家优惠，淘宝把用户评价做成星标，把购买记录做成销量排序，提升平台价值和用户体验。

当传统企业还在靠消耗一元钱原材料制造两元钱产品的方式创

造利润时，互联网公司已经开始使用只增不减的数据作为原材料，生产怎么卖都不会减少的产品来创造利润。数据在互联网公司中显然已经具备了资产属性，成为互联网公司最重要的价值构成要素。

我们看看美团点评的数据。打开 2019 年年报，我们看到总资产已经达到 1320 亿元人民币，那么存货有多少呢？ 2.7 亿元人民币，只有资产的 2‰。收入是多少呢？ 281 亿元人民币。显然收入实现方式不是销售存货。那销售的是什么呢？是外卖信息服务，是用户使用平台产生的流量价值。可外卖信息和用户流量并不来自企业内部的某个生产部门，而是来自外部的每一个用户和商家，这等于美团把我们每个用户的时间和行为数据卖给了平台上的商家和广告主。

可以肯定，大部分平台类互联网公司都存在这样的商业逻辑——连接供需双方，打破信息不对称并降低交易成本。这些互联网公司并不需要大量的实物资产就可以产生巨大的公司价值。评价这些公司价值最关键的指标是渗透率、DAU（日活跃用户数）、GMV（网站成交金额）等与用户数量和行为相关的指标。如果你是一家互联网公司的股东，你不会关心它净资产增长了多少，而要关心它用户增长了多少、数据增长了多少，因为这才是财富的来源。

我们接着看美团点评的数据，2019 年年末美团点评的市值约为 5700 亿元人民币，报表上的总营业收入是 995 亿元人民币，所有者权益也就是净资产是 921 亿元人民币，总市值比净资产高出约 4800 亿元人民币。这多出的约 4800 亿元人民币就是用户创造的价值。根据极光大数据统计，美团 2019 年年末的 DAU 是 6000 万左右。按营业收入计算，平均每个用户帮助美团获得 1658 元人民币的营收；如果按市值计算，平均每个用户为美团赋能 9500 元人民币。

用户是什么？用户就是互联网公司的财富。拼多多靠 1.4 亿日活用户实现市值 3819 亿元人民币，腾讯、蚂蚁金服更是 10 亿级用户和万亿元级市值的巨无霸。

问题来了，虽然用户和用户产生的数据是互联网公司估值的主要来源，但是在任何一家互联网公司的报表中，我们都没有看到用户价值或者说数据价值的科目体现。之所以不能进行账务处理，有财务制度的设计问题，也有数据确权的技术问题。核心还是数据确权的技术问题。如果有了数据确权的技术手段，数据就可以像实物资产一样被产权人所有，数据也就可以有明确的交易价格和资产归类。

现在有了区块链技术，我们可以让数据价值以权利的形式赋予创造者或任何主体，谁拥有使用和管理数据的权利，谁就可以获得数据创造的价值。如果这样，那么我们每个人对数据的创造和积累就变得非常重要。现实生活中我们积累财富的方式非常有限，除了货币和房产，其他大多数物质财富都是越来越贬值的，这种贬值是与时间相对应的——时间越久，贬值越多。

如果有一天数据可以成为一种财富，那么我们积累财富的方式将出现反转，时间不会使数据贬值，反而会使数据增值。数据财富通常也不需要用现金去购买，而是用每个人都平等拥有的时间和注意力去获取。另外，数据财富也不仅仅体现为人的行为和时间，它还包括各种数字化的权利和资产，比如比特币、以太坊都是一种数字财富。

当我们的衣、食、住、行、玩和社会活动都需要以数据权利方式获得，积累数据权利就变得非常重要。未来，拥有什么样的数据权利可能是区分人与人之间优越感的重要指标。那些共识发起人、社区参与者、节点运营者、通证持有者都可能成为更有影响力的人，这与他们有多少现金财富无关，数据权利将成为新的财富积累方式。

2.3　重新思考社会组织的构成方式

公司是人类最伟大的发明之一，是我们在人类之外单独创造出的拟人化概念——"法人"，法人和自然人一样可以成为商业活动的主体。因为有了公司，人类进步速度才能如此之快，公司基于股东投入承担有限责任和财务损失，让更多冒险家有机会实现自己的理想；公司让人们有组织地在一起协作，创造价值、传递价值，积累财富。

公司有看得见、摸得着的实体，无论是资本主义还是社会主义体制下的公司，都有一个或多个固定工作场所，有一群相对固定的人，有一个或几个领袖，有统一的标识称谓，有承担责任的法律身份。公司解决了个体经济时代由于资源稀缺、协作困难、生产效率低下导致的社会进步缓慢问题。公司存在的必要条件是人，没有人就没有公司，虽然有些公司已经空无一人，但不代表没有人可以被追溯。

2008 年比特币横空出世，十余年过去了，比特币已经形成了一个庞大的生态体系。有数万人投入巨资购买设备从事比特币挖矿[①]，有数千家交易所为比特币持有者提供交易服务，还有些人专门提供

---

① 挖矿是通过为系统提供某种贡献获得系统奖励的行为。

比特币投资顾问服务、开发电子钱包、生产支付设备帮助持有者保存和交易比特币，有无数的个人和组织使用比特币进行商业活动和投资。

比特币总市值曾经超过 2000 亿美元，如果用这个市值去跟上市公司比，可以排进全球 50 强企业名单。如果说比特币是一家公司，可它却没有办公大楼、没有营业执照、没有一名员工。如果你想投资这家公司，你没有股票可买，没有公司主体可以调研，找不到办公室去拜访。如果说比特币不是一家公司，它却有明确的市场价格和市值可以计算，有大量的用户在使用，有生产、有交易、有管理。假设有一天比特币突然消失了，可能会有很多人产生失业、破产的真实感受。

那么是什么让比特币这个没有一个人的"无人公司"正常运转起来的呢？答案是代码。是一行行代码在驱动整个生态的运转，这些代码不受任何人控制，也没有任何保护措施，就赤裸裸地躺在网络中每个节点服务器上。矿工[①]在没有任何服务对象的前提下，自愿为"代码"打工，"代码"也很仁义，根据矿工的贡献为他们发放薪酬（比特币）。矿工如果觉得不划算就会主动离开，矿工与"代码"之间没有雇佣关系，没有义务与责任。"代码"通过机制设计，成功驱动了一部分志愿者为其打工，维持其高效运行和功能实现。

比特币代码所实现的场景令人细思极恐。在与现实世界平行的数字世界里有一股无形的力量操控着所有参与者，你无法与其交流，

---

① 矿工是为比特币提供记账服务设施的那些人，他们通过提供算力参与比特币规定的挖矿活动，根据规则获得比特币奖励。

如果愿意遵守它的规则，你会感受到无数看不见的伙伴，"代码"还会奖励你一些奇怪的数字。如果你想撒谎、钻空子，你会发现无数看不见的敌人站在你对面，"代码"会惩罚你，这会体现在你两个世界的经济损失上，一个是现实世界，一个是数字世界。

如果上帝真的存在，"自然选择"定律就是上帝为人类世界制造的基本规则，这个规则不需要监督和仲裁，逆天而行，后果自负。同样，中本聪本人可能都没有想到，创造比特币的同时也创造了一个新世界，并且将"上帝之手"交给了每一个普通人。当每一个项目开发者完成心中理想世界的打造之后，就可以让"代码"来管理这个新世界，自己像中本聪一样消失在人海中。

当然很少有人能像中本聪那样潇洒，那样放得下。所以今天我们看到的很多区块链项目，多多少少都有开发者的影子在操纵，在影响他自己创造的世界秩序。这种不纯粹的新世界虽然令人担忧，但是它们正在如雨后春笋般生长起来，每一个都是一家无人公司。

文明发展到今天，我们已经习惯了工作（打工）这个概念。尽管很多公司在组织模式上寻求创新，但老板和员工是两个永远跑不掉的角色。无论是金字塔模式①还是阿米巴模式②，抑或是人单合一，都必然有个老板，有个中心的存在，员工为老板打工是客观事实。

---

① 金字塔模式由雷德里克·温斯洛·泰勒提出，金字塔型组织是立体的三角锥体，等级森严，高层、中层、基层是逐层分级管理，这是在传统生产中最常见的一种企业管理模式。

② 阿米巴经营模式是日本经营之圣稻盛和夫独创的经营模式。是将整个公司分割成许多个被称为阿米巴的小型组织，每个小型组织都作为一个独立的利润中心，按照小企业、小商店的方式进行独立经营。

突然有一天你不再上班了，而是通过购买矿机①、参与记账、制造数据、出卖注意力、出卖时间、出卖决策权来为某个"代码"规则打工，换取"代码"赋予的薪酬，你能接受吗？

2.4 重新思考生产关系的建立方式

生产关系是历史唯物主义的重要概念，按照马克思的定义，就是"各个人借以进行生产的社会关系，即社会生产关系"。

通俗地理解，生产关系就是为了生产而必须建立的关系。其中，生产主要是指从事物质生活资料和工具的生产；关系主要是指生产者与生产资料之间的关系，也就是所有制形式。我们理解区块链改变生产关系主要体现在两个方面。

第一是生产活动的范围不同。传统的生产是物质生活资料和工具的生产，这是以物理资源为生产资料的，它受稀缺性假设制约。

区块链影响的生产是指数字生活资料和工具的生产，这个范畴是以"数据"为生产资料的，它不受稀缺性假设的制约。我所说的数据包括原生数据和实物资产数字化后的衍生数据。

第二是社会关系的定义不同。传统的社会关系因为资源的稀缺性，必然存在有人拥有生产资料、有人没有生产资料的情况。为了

---

① 矿机是用来参与挖矿行为的硬件设备。早期的矿机主要是用个人计算机来充当，随着参与者竞争越来越激烈，开始出现专门设计用来挖矿的专业矿机，这种矿机根据挖矿对象设计，力图获得最大的奖励机会。随着落地应用的场景越来越丰富，矿机的形态也出现多种多样的形式，比如路由器、手机以及各种物联网硬件。

达成生产的目的，就必须先建立生产资料与人之间的关系，这就是所有权关系。先要明确土地是谁的、种子是谁的、工具是谁的、劳动能力是谁的，谁有权分配资源和利益，在此之上才能建立雇佣关系、分配关系、交换关系、消费关系等基本社会关系。

而区块链建立的社会关系是基于去中心化理念的新型社会关系。在去中心化理念下，我们生产生活资料和工具的方式是基于共识的自组织方式。

举个例子：如果我们需要一个帮我们筛选好酒店的工具，这需要大量的酒店住宿体验和点评记录。

传统的解决方案是，一个中心化组织投资开发一个 App 并把它推广到用户手中。因为需要雇用员工、支付办公和推广费用，这些都成为制造产品的成本支出，所以使用的是传统的生产关系。这个产品的所有权是公司的，公司是投资人的，用户数据也是公司的，产品产生的一切收益归属股东分配。

看上去很合理，其实不然。如果你生产的是一口锅，就算没人买，它的功能还在，随时可以拿来炒菜，甚至可以当作废品处理掉。现在你生产的是一个 App，如果没有用户使用，说明它可能不具备使用价值。但是这个 App 既不能拆散了当"比特"卖，也不能一上市就具备帮助用户筛选酒店的功能（它必须拥有大量用户数据之后才能实现这个功能）。

这意味着你之前为开发 App 的一切投入并不是这个产品有使用价值的决定性因素，用户的参与和数据贡献才是决定性因素，也就是说，股东投入并不构成真实资产沉淀，用户参与才是。

那要怎么定义 App 的价值来源和所有权呢？是为用户付费吗？付多少呢？该怎么计算呢？如果真的这样做的话，恐怕就没人愿意投资做这个 App 了。于是大家都心照不宣地接受了，因为实际上是股东在承受失败风险。那有没有更好的解决方案呢？

当然有！我们知道，商业的目标是降低交易成本，我们选择创业，一定是发现了一个降低交易成本的机会，如果市场证明有效就会创造价值，在用户获益的同时自己也赚钱。但是今天移动互联网和新技术已经让交易成本几乎降到极致，这也是创业成功越来越难的原因：你很难找到一个新的创造价值的机会。

那么交易成本降到极致之后，下一个机会是什么呢？其实这最后一个等待降低的交易成本就是中心型商业的经营成本，只要是一个中心化组织提供的产品和服务，就必然产生巨大的制造成本和服务成本。看看阿里巴巴、腾讯这些几万人、十几万人的公司，难道不是我们的交易成本吗？虽然他们颠覆了无数的中间商，改变了很多交易结构。

商业发展规律告诉我们，打破中心型商业，走向去中心型商业，是商业进化的必然趋势，因为商业进化的目标是把交易成本无限降低到趋近于 0。

如果用去中心型商业解决刚才的问题，可能是这样：一部分有筛选酒店需求的消费者，提出了一个解决方案，开发一个 App 收集用户体验数据和点评记录，通过区块链技术和通证模式设计，让每个参与者都能共享这个平台的价值，同时根据每个人对平台的贡献进行合理的激励。

他们拿着方案向更多消费者寻求支持，最终得到足够多的支持，建成一套去中心化酒店评价系统。新的商业形态没有股东投资，没有员工和老板，没有运营成本，是由利益相关者自愿参与的，这就决定了 App 的所有权不是某一个主体的，它是不归属任何人，又可以被所有利益相关者根据规则分享的。

传统的中心型商业形态是以股东利益最大化为目标的，追求利润和估值的增长，股东是最后的利益分配者。

新的去中心型商业形态是以利益相关者的利益最大化为目标的，不以创造利润为目的，追求更多人的参与，更极致地降低交易成本，由基于共识的代码规则负责分配。

这是个新物种，由供给、生产、消费、服务等环节的利益相关者组成，项目的成败取决于社区建设能力、技术采用和机制设计，肯定也会有大量的失败，但是这种失败不是由某一个人来承担的，而是由所有参与者共同承担的。

我们的结论是，区块链改变生产关系是通过去中心化改变了所有权关系，进而改变了分配关系、交换关系和消费关系。

2.5　重新思考利益主体的定义方式

"以账为本"是我们首先提出的概念。意识到区块链以账为本的特性非常重要，这能帮助我们有的放矢地应用区块链解决现实问题。

我先介绍一下区块链是怎么记账的。你可以拿出一张纸，在第一行写上"这是 8888 的账本"——这是账本的名字。然后在第二行写上"记录 0，2020 年 3 月 20 日 0 时 0 分 0 秒，地址：ABCD，状态：Y"——这是创始区块，表示"8888"被授予地址 ABCD——也就是我。

接下来我把"8888"转让给你，你在账本上的地址是 BCDE，那就会增加一条记录："记录 1，2020 年 3 月 21 日 10 点 10 分 10 秒，地址：ABCD，状态：N，地址：BCDE，状态：Y"。任何人在查看账本时都会看到最后一条记录显示的是 ABCD 没有"8888"，BCDE 有"8888"。

这里我忽略了加密等细节过程。我们要理解的是，这是一个关于数字"8888"的账本，它记录的就是数字"8888"归属变更信息。"8888"的使用权是通过这个账本进行记账确认的。确认给谁呢？确认给一个地址。人的参与在账本上只是表现为对 ABCD 或者 BCDE 这个地址的控制权，如果你不在这个账本中拥有自己的地址身份，你就无法拥有"8888"；同样如果你丢失了地址的控制权也就是私钥，你就无法将"8888"再次转让，也就等于永久丢失了"8888"的使用权。

这个账本如果由一个人记，那就不存在"8888"转让交易的可能，"8888"也就毫无意义。如果由很多人记，那一定是因为这些人对"8888"达成某种共识，所以大家愿意共同为"8888"的每一次交易进行记录证明。如此这个账本上记录的"8888"就成为可信数据，成为某种加密数据资产，会在记账人之间进行有价传递。

如果我们把"8888"定义为"王者之印",那么只要大家同意就可把它当作"王者之印"来使用。尽管在账本以外,在互联网上、计算机里、各种环境中都存在与账本上的"8888"完全相同的数字,你可以把它写在任何地方,但都不影响账本参与者对账本上记录的那个"8888"价值的认可。

这就是区块链用账本完成数字资产创造的逻辑,就是若想拥有区块链打造的数字资产,那么你必须获得数字资产自身的认可,也就是登记在它的账本中,而不是把数字资产放到你自己的名下。

现实情况是,我们每个人的资产都是以我们的唯一身份为归属的。我们都说这是自己名下的资产,那由谁来证明呢?由政府来为你登记证明,由法律来保护你的私有财产。你的所有财产都有一个共同特征,就是带有你的唯一身份标签。

而区块链创造的数字资产首先是属于记录它的那个账本的。账本就是一个虚拟主体,比特币从诞生那一刻起就通过账本实现了唯一性、排他性的主体地位。世界上只有一个比特币账本,只要代码有一点改动,就会出现一个新的账本,记录在新账本中的只能是一种新的数字货币。

而每10分钟生成一次的比特币就是账本创造的数字资产。这些资产属于哪个人或哪个主体,账本并不关心,它只是按照规则分配到一个个地址上,并记录在账本中。谁在账本中拥有这个地址的控制权,谁就拥有相应的数字资产。

在现实世界中,你的身份证、房产证丢了可以补办,但是在区块链世界中,控制地址的钥匙丢了,你就不再拥有相应的数字资产,而且没有一个第三方能够为你找回，这就是区块链匿名性带来的好处，也是坏处。

在现实世界中，你的财产及各种行为信息全部集中在你名下，任何一个中心化系统都可能获得你的隐私信息，甚至盗用你的身份和财产，这就是"以人为本"的世界。

在区块链世界中，你拥有哪个数字资产，只体现在相应数字资产的账本上，没有一个账本掌握你的全部数字资产，这就是"以账为本"的世界。

我们知道，在现实世界中有自然人和法人两种经济主体，区块链又创造了分布式账本这个新主体。主体的定义就是可以拥有资产和权利。那数字主体拥有的是什么权利呢？当然是数字权利，也可以叫数权。

比如以太币可以作为开发以太坊应用的资源占用费，这就是开发权；比如我们造一辆无人驾驶智能汽车，将使用权数字化并放到账本上，这个账本就拥有车辆的使用权，如果你想开，向账本支付数字资产，账本就会把数权转让给你，你就拿到了使用权。

一方面，如果这辆汽车拥有自己的数字资产账户和智能合约指令，那么它可以自己去充电、去寻求维修，使用账本发行的数字货币进行支付。另一方面，提供充电和维修服务的人都是这个账本的共同记账人，车子是众筹的，车子上线以后就变成了一个数字主体，虽然没有生命，但是会和人做交易，还能为你服务。

这样一来，人与物、物与物的连接就可以超越信息概念，上升为智能化、人格化。机器设备、公共设施都可以参与到社会经济活动中，甚至可能成为人类的竞争对手。

2.6　重新思考国家机器的建立方式

我们在现实世界中能找到的最接近区块链的就是法律。前面我们讨论过，区块链的本质是数字世界制造信任的机器，在现实世界中，政府和法律就是制造信任的机器。

法律是以国家为边界的，是统治阶级意志的体现，是国家的统治工具，但是仅仅有法律还不够，这只是写在纸面上的文字规则而已，还必须有保障法律被有效执行的手段，那就是军队、警察、法庭和监狱构成的执行体系，法律法规加上执行体系就构成一个国家的国家机器。

可以想象一个国家政权想要维持下去是非常复杂且成本极高的，法律的可信度取决于国家机器能否公平有效地发挥作用。这其中的变数很大，而且法律的执行通常需要人的参与和判断，要兼顾国家利益和个人利益。

而一个区块链系统中，代码可信性取决于是否真正实现去中心化。在此基础上，我们以智能合约形式把执行条件事先写好，一旦运行，没有人可以干预和影响。这无疑比依靠人的主观判断更客观公正，同时也省去执行过程的第三方监督，而且代码建立和执行成本要比国家机器低得多。

如果代码是可信的，要防止一个区块链项目产生违规风险，只需对代码规则进行审查即可，只要代码所执行的合约和可能产生的后果都是合规的，就无须对代码未来的执行再进行监督。这既保证了项目参与者的自由度，又降低了监管成本。

当我们接受代码可信这个新逻辑之后，很多事情就开始悄悄发生变化。中本聪在《比特币白皮书》[①]中明确表示，"出于对政府滥发货币的不信任，要打造一个去中心化的电子现金系统"。这就是人类开启代码信任时代的第一步，之后不断有人效仿比特币，以替代政府和法律的目的开发各种区块链产品，这显然是对国家机器的挑战。

从 2017 年开始，杭州、北京、广州相继成立互联网法院，一开始是针对网络民事纠纷提供更专业化的司法保护，很快就接触到了区块链相关案件。2018 年年末，杭州互联网法院受理了国内第一起以区块链存证为证据的网络侵权诉讼，最终认定区块链存证有效，由此开启了区块链参与司法的新时代。

很快，三家互联网法院都上线了司法链，专门提供网络交易存证支持，让网络司法执行效率大大提高。

我们知道，现实世界的国家机器由法律和执法机构组成，互联网法院和司法链从执法机构的角度第一次参与到数字世界执法，同时也为数字世界的国家机器概念给出启示：数字世界的法庭有了，那么数字世界的监狱在哪里？警察在哪里？军队在哪里？它们应该长什么样？

---

① 即《比特币：一种点对点的电子现金系统》（Bitcoin: A Peer-to-Peer Electronic Cash Systen）。

互联网法院的确让网络纠纷得到了司法保护，但是胜诉以后如何执行？如果我发现有人在网上从事非法活动，我能不能向数字警察报案？数字警察能不能实时响应拦截犯罪行为？确定需要惩罚的行为能不能马上得到惩罚？

现在的司法体系，对付网络犯罪主要还是靠专业团队和对核心数据的控制，而且在多数情况下是先举报再收集证据，很多时候会错过证据收集的最佳时机，或者干脆无据可查。这还只是面对传统网络犯罪，国家机器已经有点力不从心，未来如果区块链系统越来越普及，依靠现有手段更是无法应对。单单一个比特币已经让各国政府的国家机器捉襟见肘，到底谁的应对策略更有效，还不能定论。

所以，建立一套专门针对区块链环境或者说数字世界的国家机器可能很有必要。而建立数字世界的国家机器，我们是要在数字世界模拟警察、监狱、军队这些角色，还是采取"以链治链"的方式，通过货币上链、资产上链、身份上链、交易上链等基础设施建设从根本上解决数字世界的非法活动？

中国央行数字货币给了我们一个很好的启发：数字货币一旦发行，对反洗钱和非法交易会起到极强的遏制作用，这比依靠财务审计、金融监管、线索追踪等手段成本更低、效率更高，解决得也更彻底。

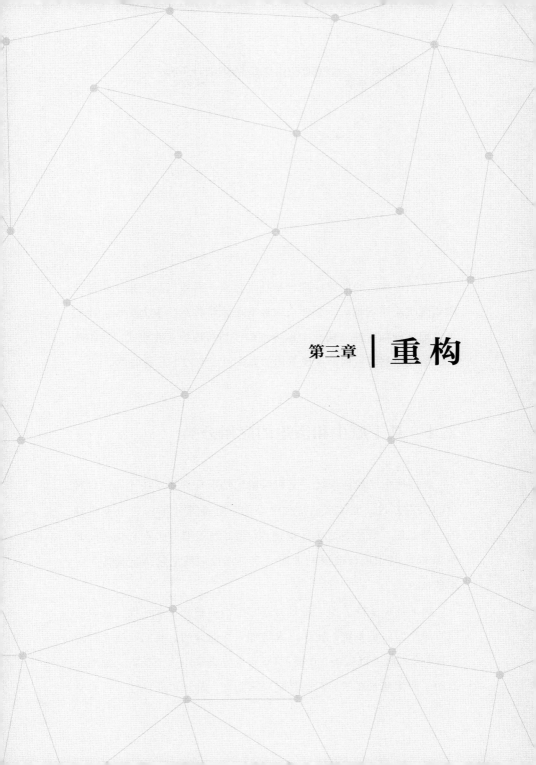

第三章 ｜ 重构

由于区块链的颠覆性理念和技术特点，导致当我们把区块链应用到现实应用场景时，必然会对原有场景结构产生重大影响。我们可以把这种颠覆性结构影响称为重构，是对传统商业模式、组织形式、治理机制的重构。实现重构的方式可以有以下几种分类。

3.1　基于原生和衍生的应用分类

所谓原生区块链系统，是指保留比特币全部基本技术和设计理念的实现方式，也就是坚持去中心化、坚持匿名和 PoW 共识机制的公链系统，我们称之为区块链 1.0 版。凡是要对去中心化、匿名性和 PoW 共识进行改进的区块链系统，我们就把它认定为衍生区块链系统。

如果是在坚持了原生要素的基础上增加新的技术辅助，这也应该算原生区块链系统，比如以太坊加入智能合约，我们就把它称为区块链 2.0 版。以后的 3.0 版、4.0 版也应该采用这个逻辑。如果你改动了原生基本要素，只能算是局部创新，甚至可能已经不是完整意义的区块链。

当然这个定义并不是官方定义（貌似也没有官方），只是因为原生与衍生存在一些根本性差别，其中最重要的差别就是信仰。区块链之所以能够吸引全世界这么多坚定的信仰者，就是因为比特币让人们看到了一个真正可以跨越国界不受约束的存在，那就是人类梦寐以求的自由。尽管自由未必是什么好东西，但是我们都天生爱自由，所以很多人把对自由的渴望寄托在区块链上。

如果比特币诞生之初是一个联盟链，或者是什么 POS、DPOS 共识机制，绝不可能有今天的地位，甚至都未必能获得成功。

区块链的早期信仰者对中本聪的《比特币白皮书》极度崇拜，把《比特币白皮书》看作是对区块链新世界的宣言。我们可以从白皮书中看到比特币的使命、愿景和价值观，这也是区块链的使命、愿景和价值观。

一直以来，一部分人坚持要把区块链应用到更多更大的场景中，但是他们发现区块链有很多问题阻碍了这种应用，于是就试图进行改进和优化：在去中心化方面有了联盟链、开放许可链、私链、生态公链等各种新形式；在技术上添加闪电网络、分片、分层、零知识证明等新改进；在共识机制上增加 POS、DPOS 等新机制；在匿名性上更是提出实名制区块链等想法。显然追求实用性是现在的主流，因为我们也确实从各种改进中得到了好处，看到了很多新的可能性。

我们什么时候需要原生区块链来解决问题，什么时候又可以使用衍生区块链呢？

使用原生区块链，需要具备两个需求特征，即去政府化和去法律化。当你面对一个政府没有能力解决，或法律无法保护的问题时，可以考虑用原生区块链建立一个去中心化的自组织生态系统，这样一个新生态，具有跨空间跨时间特点。即使不同国家、种族的人也能共享应用，即使国家政权更迭也能保持长期运转，比如超主权货币、艺术品的流通和保护、知识与文化的传承，如果站在数字资产角度，可能还会有更多场景具备这样的特征。

衍生区块链应用最多的实现方式就是联盟链。因为联盟链更符合政府监管的要求，在一定程度上可控。所以联盟链比较符合传统企业降本增效的升级改造，但在不同行业、不同场景应用，效果差异很大。这需要深入做好适用性调研，否则可能得不偿失。有些大型企业重金投入区块链研发，换回来的不过是一篇放卫星式的新闻报道，那个所谓区块链项目根本不值得应用。

除了联盟链，还有一些改进后的公链，比如开放许可链、生态公链，貌似这些名字背后的内涵也都差不多，只是叫法不一样；还有一些项目独创的形式，也不知道该如何定义，反正是各显神通。

如何判断一个衍生区块链系统是否更值得采用，我们只需坚持一个原则，那就是最低程度地修改原生区块链要素的前提下实现合规。比如我提出的生态公链概念，我们把它定义为基于特定产品或服务而打造的公链系统，也就是有边界但可以自由参与的公链系统。然而合规也是相对的，在不同国家、不同制度下，合规的标准是不一样的，所以不存在什么能做、什么不能做，而是在对的地方做对的事。

如果你的衍生区块链对原生要素改动非常大，甚至已经放弃，那很可能是一个可有可无的区块链应用。

3.2　基于六原则的应用分类

据说"六原则"是某咨询公司提出来的，但是我没有找到相关信息。不过国际上的四大财务咨询机构确实很早就布局了区块链，并发布了很多非常有价值的区块链研究报告，而且他们也在为全世界众多知名企业提供区块链咨询服务。

以下对"六原则"的解释可能与原版不同，我们只是借用"六原则"的定义。

◎　原则 1：业务流程是否多方参与

如果只是两方参与，就不算多方参与，只是简单的交易，现在对此的解决方案应该已经非常高效。但是当出现三方以上的参与者，就会出现信息同步和信任差的问题。比如，你去买一辆汽车，如果需要银行贷款，整个过程就会非常复杂。会涉及银行、保险公司、4S 店、车辆管理所以及你和你的财产共有人，甚至还会涉及你的工作单位，这是一个环环相扣的复杂交易。幸好经过长期流程优化，现在已经有了非常快捷的操作流程，通常在 4S 店内把所有相关机构整合在一起，这叫一站式服务。但这仍然有改进的空间，比如运用区块链技术。

◎ 原则 2：业务是否需要分布式数据库

一般情况下，每个企业都会建立自己的数据库（不管是在云端还是企业内部），用来管理自己的各类信息数据。如果一笔交易使用了第三方平台，就会增加一个平台数据库的参与。当出现多个参与主体时，各自的数据真实性就变得越发复杂。如果交易多方还必须通过互相对账来确认交易，就会产生降低交易效率、提高交易成本的影响。这种场景下多方共同使用一个分布式数据库，就非常有必要了。基于区块链技术可以在确保各方隐私的前提下，提供多方同时记账、实时对账的便利。

◎ 原则 3：交易数据是否需要永久保存

什么是需要永久保存的交易数据，这要看当事人的诉求，那些有可能在将来被用到的信息，如果要安全完整地永久保存，使用区块链无疑是最佳的选择。这一点无须多做解释。

◎ 原则 4：参与各方各自遵循的规则是否不同

当参与方较多时，本身就会增加交易的复杂性。如果是跨国交易则必然涉及各自遵循的规则差异，包括贸易政策、货币政策、税收政策、金融工具等的使用，这需要很多中介机构的参与和辅助，比如贸易代理机构、金融服务机构、信用担保机构，等等。当中介角色出现时，我们说区块链应用的机会也就出现了。如同互联网一样，区块链也是一个具有去中介功能的技术，而且很有可能，还会把已经起到去中介作用的互联网平台角色给消灭掉，也就是去中心化。

◎ 原则 5：交易中是否存在不信任问题

我们知道交易中存在不信任本来就是天经地义的，所以才有货币作为信任工具。但是仅仅有货币还不够，当我们进行网络交易时没有货币交换，于是就有了第三方支付平台，第三方支付平台解决了交易双方的信任问题，但是第三方支付平台本身的信任问题却只能靠政府许可牌照和企业声誉来建立。如果有一天第三方支付平台倒闭了，用户可能就会遭受损失。

在国际贸易中双方的信任问题是最为突出的，所以银行发明了信用证来解决双方互信问题。买方把货款先押给本地银行，银行开出一张信用证，并寄到卖家指定银行。卖家指定银行收到信用证，通知卖家发货，等买家验收货物，通知买方银行释放货款，这就是国际贸易中的支付逻辑。不同国家的银行之间基于《跟单信用证统一惯例（UCP600）》而达成互信。

如果我们把信用证的流程用智能合约来执行，用稳定币作为支付工具，这里就没有信用证什么事了，当然具体业务还要具体分析。

◎ 原则 6：当前交易规则是否稳定

为什么要考虑交易规则稳定的问题，是因为交易各方达成一个共识的交易规则后，需要通过智能合约在区块链上进行固化，一旦写入系统，再进行调整就会面临重新达成共识的问题，如果这个共识达成的成本很高，自然也就失去了使用区块链解决问题的意义。

　　所以在你打算使用区块链之前，需要考虑规则确定后的变更概率是否可以接受，不能把区块链用在过于具体的前端场景中，而是应该作为底层基础工具，用来管理基本原则和数据安全。

　　六原则基本都是从交易场景出发的，更准确地说，是从金融角度思考的。不管评估对象是谁，六原则的评估结论都是为了找到交易过程中出现的信任不传递问题。一旦符合六原则，就可以启动一个联盟链方案，通过交易参与方、金融机构、供应链成员的多方记账使交易效率得到提升，同时还可以在各个环节引入金融工具，基于区块链创造的信用实现融资和增信。

3.3　基于四象限的应用分类

　　区块链应用四象限也是咨询公司的方法论，原版刊登在《哈佛商业评论》增刊《关于区块链，你不得不知的真相》，我们对其内容做了修改和完善。

　　所谓四象限分类法，是一种标准的方法论范式。我们找到两个对立统一的维度，把它们放到笛卡尔坐标系中，就形成了四个象限。大家熟悉的 SOWT 分析、波士顿矩阵、时间管理模型、沟通视窗等都是四象限方法论。有了这些工具，我们在做决策的时候效率会更高。

　　区块链应用四象限，是从协作度和创新性两个维度出发，把区块链应用分成四种类型。所谓协作度，是指一个应用的实现需要涉及的参与方范围有多大；所谓创新性，是指一个新的解决方案与现有解决方案的差异有多大。我们分别用高和低进行组合，就会得出四个象限。

第一象限：协作度要求低、创新性要求也低的应用。我们给出一个关键词——升级。

这一类应用通常适合在企业内部使用，所以基本不涉及外部协作，在协作度上几乎没有要求，但是可能对内部协作提出要求，这就相对容易得多。

比如一家大型集团企业，对各个分公司、子公司的管理，涉及很多资源浪费和信息不对称问题。这时可以考虑在集团内部建立一个分布式数据库，用区块链智能合约替代一些业务审批流程和财务审计工作，这是一种有效应用。还有针对自己产品的溯源应用同样是不需要第三方协作的，选择一个既有区块链溯源平台，或自己建一个品牌溯源链都是可行方案。

这种对协作度要求很低，创新性又不影响企业战略和商业模式的应用，包括溯源、数据安全、资产上链、内部流程优化、企业自我增信等，都比较容易实施，所以适合立即行动。

第二象限：协作度要求低、创新性要求高的应用。我们给出一个关键词——创新。

为什么定义为创新，因为这个区域最适合区块链创新。一方面，对协作度要求低，更容易执行和落地；另一方面，又对现有商业模式和问题给出了新的解决方案，这当然值得我们大力尝试。

对于打算在这个领域做事的人，你需要把协作度进行适当放大，放大到你影响力范围内的边界处，在一个多主体参与且可控的环境中进行区块链创新，才会产生良好的效果和价值。

目前区块链落地应用最多的也就是这个象限区域，比如电子存证应用，你只需搞定公证处、司法鉴定中心等政府机构即可实现；国际汇兑应用，你只需搞定合作银行建立起联盟来就能解决问题；企业自金融应用，你只需搞定你的上下游合作伙伴和你一起上链就能达成一个供应链金融平台；通证经济模型的运用，在你自己的网络平台上引入通证模型，你就能打造一个消费者成为利益共同体的新商业模式。

第三象限：协作度要求高、创新性要求低的应用。我们给出一个关键词——颠覆。

这个区域里要做的事，需要大量第三方参与者的协作，但创新性并不高，这也是很多"心比天高"的人喜欢做的事。这一类项目都是冲着颠覆巨头去的，比如搞去中心化电商、去中心化社交、去中心化媒体，这是因为他们看到了淘宝、微信这些巨头，觉得只要把他们颠覆了，就能成功。

殊不知哪一个巨头都不是凭空出现的，都要经历多年的积累和付出，还要有运气的加持。一旦形成巨头地位，就意味着已经完全绑架了用户：一方面，网络效应会让用户越来越多，使平台地位无法撼动；另一方面，平台商业模式会促成用户迁移成本的提高，使用户很难被其他产品迁移走。

颠覆式创新理论告诉我们，颠覆一个传统巨头从来都不是因为在同一件事情上比巨头做得更好，而是因为开辟了新的第二曲线，在新的战场上取得绝对优势。

但是巨头的示范效应太有诱惑力了，别说用区块链去颠覆巨头，就是在巨头大树脚下，从挖坑埋种子开始，试图种一棵比巨头还高的树的人也大有人在。所以这个区域是比较危险的：不是不可以，而是要懂得如何颠覆，你首先要在第二象限的创新取得成功，可能才有机会进入第三象限。

第四象限：协作度要求高、创新性要求也高的应用。我们给出一个关键词——改革。

按照顺序你也能猜到，这个区域是最难的，改革通常是大动干戈的行动。用区块链做什么事情算是一种改革呢？我们做一个最简单的定义，就是去做只有政府才应该做的事，也就是你把区块链本质"制造信任的机器"理解为去做政府和法律已经在做的事。

这个很难，但是的确有很多人在做，比如有人在做去中心化的身份公链、合同公链、版权公链、个人征信等，当然最厉害的还是数字货币公链，这样的产品你即使做出来了，由于现行法律还没对这些区块链形式的信任工具做出规定，所以法律也是不会保护你和你的用户的，相反，你还可能会被定义为非法经营活动。

当你意识到自己的项目方向是与政府职能，或者相关法律有关的，尤其是在物权法、合同法、公司法等民法保护范围内的，一定要谨慎，确定取得政府许可和相关法律保护之后才能实施。但是这类项目通常只能是政府立项，你充其量是个外包服务公司，我觉得这不算区块链创业，更不是在进行区块链应用落地，你只是个技术开发服务商而已。

3.4 基于有币和无币的应用分类

通常情况下我们说一个项目有没有币，指的是有没有发行一种可流通的去中心化通证，这种通证具有匿名交易特性。之所以要区分有币无币，核心是因为有人借发行数字货币从事非法集资等犯罪活动，造成非常恶劣的影响。于是官方对数字货币表示不能容忍。但是我们还是要继续从事区块链实践，所以就必须思考数字货币在区块链应用中的作用，到底能不能放弃。

通常情况下，区块链项目发行数字货币的目的有四个：一是众筹开发资金；二是激励系统贡献者；三是做交易媒介；四是进行生态激励。除了这四个作用，数字货币还具备两大价值属性，即交换价值和使用价值。

第一，发行数字货币是为了众筹开发资金，解决开发成本的问题。很明显，如果有人出钱，就可以不考虑这个问题。现在在各大互联网巨头纷纷出手，都在搞区块链 BaaS 平台，这都是不小的投入，但是他们有钱，况且有品牌和规模背书，做的到底是公链还是联盟链都不重要。

可如果你是一个充满情怀，想改变世界的人，你要做的也是一个服务广大用户的公共基础设施，那么你一定会使用原生区块链形式做真正的去中心化系统。对你来说最好的解决方案，就是向未来的用户发行数字货币进行众筹，最典型的例子就是以太坊，如果以太坊没有发币，它绝不可能存在。

第二，发行数字货币是为了激励系统贡献者。这个要看是什么系统，通常情况下，纯粹的公链系统是去中心化且开源的系统，的确需要激励参与者，这个问题是确定绕不开的。没有数字货币的激励机制设计，你的系统根本就上不了线。

如果你做的是联盟链或者企业内部的流程改造和技术升级，也可以不考虑这个问题，但是你需要解决联盟成员如何达成共识和自愿承担维护成本的问题，找不到合适的联盟伙伴，你也做不成。很多金融机构成立各种联盟链，他们有足够的资本各自承担维护成本，可是普通小微企业恐怕就很难建立联盟链体系了。

第三，发行数字货币是为了做交易媒介。这个场景通常出现在有交易需求的项目应用中。对普通的电商平台，我们用法定货币做交易媒介即可，但如果是区块链打造的电商平台或金融平台，会使用分布式数据库，就无法实现以法定货币进行交易了（因为法定货币不支持分布式结构），所以需要一个写在链上的数字货币做交易媒介。但是如果法定数字货币上市，即使你用了分布式数据库，也可以用法定货币进行交易。

第四，发行数字货币是为了进行生态激励。这是我要重点强调的作用。在我的研究中，数字货币是区块链通证经济的重要组成部分，不管是叫代币还是积分，运用通证设计理念为生态赋能是区块链解决问题的核心。可以肯定地说一个区块链系统中有数字货币一定比没有数字货币更强大，也更有价值，我们要解决的是如何做到合规合法地使用数字货币。

我提出生态公链概念，就是为了解决有币区块链合法应用问题。

我们可以把数字货币使用范围限制在一个生态平台边界内，仅用于利益相关者的利益分配和激励，为平台内数字资产定价和提供交易媒介，并做到不在平台以外流通。

这样的数字货币已经可以在很大程度上避免被当作炒作标的和融资工具的问题。其实这种数字货币一直就存在，那就是 Q 币，所不同的是，腾讯没有为 Q 币打造一个区块链平台，也没有通证经济模型的设计。

最后还要考虑一下数字货币的价值实现问题。很多人在争论数字货币到底有没有价值，我的观点是，价值的本质是人的感觉，任何事物的价值都不是一成不变的，在不同的人心目中同样的事物价值感也是不同的。

你可以说买一个"破碗"就花好几万元的人太疯狂，你不能说那个"破碗"根本没有价值，因为你没有证据证明它没有价值。而那个买碗的人能证明它有价值，因为他心甘情愿地付钱了。价值包括使用价值和交换价值，这个时候你看到的是使用价值，他看到的是交换价值。

数字货币的价值也是一样，比特币也好，以太坊也好，其价格都是交换价值的体现。什么时候我们能看到数字货币使用价值的体现呢？这就是我们对区块链落地的期待。当一辆无人驾驶汽车的使用权、一段音乐的播放权都被用数字货币（通证）标记为数字资产后，这种数字货币的价值就体现为使用价值。

总结一下，无币区块链看上去有可行性，也是政府、企业、百姓皆大欢喜的场景，但是却不能真正体现区块链的革命性意义，我们更希望看到合规的有币区块链应用能够大规模落地，这是区块链赋能一个时代的使命所在。

在一个有边界的平台内发行，以等价的方式代表实物资产，以价值尺度的方式代表未被法定货币定价的数字资产和权利，不需要通过数字货币交易所实现流通，既可以满足通证经济模型设计要求，又可以防止数字货币炒作、制造金融泡沫和非法集资风险，满足这些条件的有币区块链值得尝试和创新。

第四章 ｜ 赋 能

本章我们从传统企业角度看区块链都有哪些可以应用的工具。每种工具对应的都是一个或多个传统企业的现实需求，这更便于我们对号入座，根据自身需求找到区块链解决方案，进而决定是发起一个区块链基础设施项目，还是找到一个适合的区块链基础设施平台来满足需求。截至目前，我们把区块链解决传统企业问题的方法总结为七种工具，分别是证明工具、增信工具、安全工具、结算工具、个性化产品上链工具、标准化产品上链工具和产品共享工具。每种工具对应的都是一组相似的解决问题逻辑。

4.1　证明工具

证明工具用于解决用户对真实性、完整性和权属性的诉求。证明工具通常提供的是一种公共服务，作用相当于政府登记机关。

目前使用比较多的几种证明工具包括产品溯源、存在证明（电子存证）、版权保护等，其中版权保护是对原有政府职能的升级和替代，产品溯源和电子存证则是对政府职能的补充。未来可能还会有其他替代和补充性的证明工具出现，比如个人征信、产权登记就一直有人在尝试。但是我们必须清醒地认识到，用区块链补充政府职能是件好事，一定会得到鼓励，也会获得新的市场红利，但如果是替代政府职能就需要谨慎了。下面我们具体讨论几种证明工具。

4.1.1 溯源证明

溯源是区块链应用比较热门的领域，但是很多溯源项目对溯源的意义和场景理解并不充分，导致实质性落地困难重重。我们的研究认为溯源可以分为四种类型，包括证明身份的品牌溯源、证明出处的原产地溯源、证明过程的过程溯源和证明责任的反向溯源，不同场景溯源目的不同，应用到的区块链技术和实施方法也就不同。

证明模式在技术上都有如图 4-1 所示的实现模型。可以使用私链、联盟链或者公链，生产商根据溯源类型和自身条件选择第三方溯源平台或自建溯源平台，监管节点是指政府职能部门或行业协会等第三方权威机构，某些涉及政府监管的产品溯源必须取得监管节点参与才能使溯源更具可信性（比如药品、食品）。

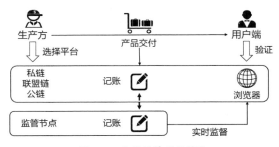

图 4-1 溯源场景通用模型

◎ 品牌溯源

溯源的目的是证明产品的唯一性和来源。当一个产品拥有品牌价值以后，消费者对产品的溯源目标是制造者。只要能证明产品是某公司生产的就够了，剩下的问题品牌公司都以品牌价值背书。至于是不是真皮、有没有手工制作，无须追问。

这类产品包括奢侈品等各类品牌产品，一般单品价值比较高，造假者、模仿者众多，品牌商都有打假成本支出。比如路易威登品牌每年打假成本占销售收入的5%，如果使用区块链技术进行溯源，每个包都配上唯一的智能芯片来记录身份信息和生产流通过程，最重要的是具有唯一性，无法复制和更改，消费者不需要担心买到假产品，由此路易威登每年可节省大笔打假费用。

品牌溯源是最适合区块链溯源快速落地的应用。首先，这是简单的信息溯源，在产品本身和包装上增加标识来实现数字化，现有成熟技术都能轻松实现；其次，溯源能够减少打假成本或减少假货带来的经济损失，为企业创造经济价值；最后，产品价格高、利润空间大能够覆盖溯源成本。

品牌溯源还可以刺激奢侈品二手交易市场发展，品牌产品上链后二手交易会更简单，消费者不再为鉴别真伪难而困扰，交易成本有效降低，交易效率得到提升。

◎ 原产地溯源

原产地溯源多见于食品、农产品、矿产品等具有鲜明产地属性的产品。我们分析发现，原产地溯源存在三大问题，一是初始证明难，二是成本控制难，三是终端实现难。

比如五常大米、阳澄湖大闸蟹、西湖龙井等，此类商品很少可以被品牌背书，消费者关心是不是五常的大米，而不是谁生产的五常大米；是不是阳澄湖的大闸蟹，而不是谁生产的阳澄湖大闸蟹。但是目前市场上大量原产地溯源产品都只能做到制造商溯源，基本都是在产品成品上增加 RFID 标签或某种芯片，有的连标签都没有，只是一个二维码。这种原产地溯源都是信息溯源，对终端消费者来说毫无意义。有些产品把种植喂养过程以视频上链、各种详细信息入库，但都无法证明加工、包装后的产品就出自那个原产地。这是初始证明难。

有些食品、农产品不可能以最小单位数字化上链，比如蔬菜、水果、肉类、鱼类等，这样做的成本会让价格提高。如果由消费者承担，就会影响销售；如果由企业承担，就会降低利润甚至亏损；如果在大包装上溯源，在消费端就没有可溯源场景。这是成本控制难。

我们观察，原产地溯源并不是消费者的普遍需求，可能只有少量特别知名产品的消费者比较关心原产地，大多数产品消费者并不关心，但是目前有趋势显示越来越多做农产品的都想用区块链溯源。消费者不关心溯源除了对所谓的溯源信息没什么感觉，更多的是不具备溯源场景。去菜市场买菜买到的都是散装食品，这个场景无法溯源；去超市购物买到的都是二次包装食品，也不存在原产地溯源的可行性；去饭店吃饭看到的都是做熟的食材，更是不可能实现溯源，消费者感知到的基本都是各个场景中商家的宣传而已。这是终端实现难问题。

原产地溯源在没有解决实物资产上链的技术手段之前，都不是可信溯源应用。退而求其次，我们应该努力打造原产地产品服务商的品牌价值，当品牌价值树立起来，原产地溯源就升级为品牌溯源，品牌溯源是可以轻松实现的，比如云南普洱茶就诞生了大益、七彩云南等品牌，同样是需要原产地溯源的产品，追溯到拥有大益、七彩云南品牌的公司就可以了。

当然原产地溯源也不是完全做不到，我们研究发现原产地溯源可以通过"土地公链＋指标通证＋产品上链"的组合方式部分实现（见图 4-2）。

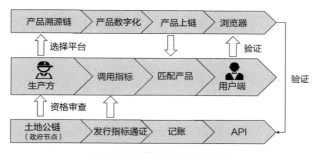

图 4-2　原产地溯源实现方式

首先需要将原产地赋予数字身份，以五常大米为例，水稻种植面积约为 209.8 万亩[①]，年产量约为 71.4 万吨，目前政府已经按地块分配到每一个农户，实现分户核算总量控制，并开发了统一防伪溯源平台实行"一物一码"手机扫码溯源。但是这个系统使用情况

———————————
① 1 亩 =666.67 平方米。

并不理想，官网制作也很粗糙。由于使用传统中心化管理方式，存在政府职能部门的道德风险问题，也存在外部造假者使用山寨数据库模拟溯源的可能。

如果换成区块链技术，由地方政府牵头开发土地公链，生产厂家和消费者社区志愿者参与记账，按照最高产量亩产 900 斤稻花香成米计算，发行五常米通证 18.88 亿个，对应每亩地分配 900 个，通过电子钱包分配到每个农户或持牌加工厂手中作为溯源指标。未来大米上市时通过某溯源平台为大米进行包装溯源和流程溯源，将手中的溯源指标与上链的大米锚定，如此一来，每年只有与指标通证锚定的大米才能按照真五常大米价格上市交易，即可在最大限度上避免假货的泛滥。如果商户想用假大米占用真大米指标，就必须把真大米当假大米卖，这是利用了激励相容的经济学策略，让经营者为了私利去努力完成真大米的精准匹配，从而实现整个五常大米市场的品质保障。

◎ 过程溯源

所谓过程溯源，是指对产品制造流通过程进行追溯。过程溯源的目的是发现问题、分清责任，这对监管非常重要，特别是食品、药品安全。食品溯源的场景非常复杂，做过程溯源的实现难度更大。药品溯源更注重生产、流通环节，一旦出现问题，监管最关心的是原因和责任，如果没有完整的过程信息可分析，判定责任就很难。

现实情况下，消费者往往并不需要溯源，很多商家把溯源当作消费者的需求，挖空心思去完善，去投入，而消费者真正使用溯源入口进行溯源的行为却很少，尽管他们嘴里说的是一定要溯源。所以大多数情况下溯源对消费者只是一个心理安慰，而真正要溯源的是监管者。所以产品制造者最应该做的是过程溯源。要把每个环节、每个流程的时间、地点、操作者、动作、状态等信息保存到区块链上，让监管者可以第一时间找到责任人和问题原因。这种技术的实现也会激励生产、流通环节的参与者更加认真负责，降低问题发生率。

但是过程溯源实现起来比较难，我们可以把过程溯源分成三个阶段，即生产阶段、流通阶段和触达阶段。

（1）生产阶段。过程溯源发生在企业内部，记录整个生产制造过程，看上去是比较容易做到的，只要企业自己愿意。但是生产过程上链本质上是对企业的一种约束和监督，除了增加额外的成本，还会增加违规风险。除非监管强制执行，否则通常也不太容易获得企业的自愿参与。另外，既然是用区块链技术，就涉及使用第三方公链或联盟链的问题，不同企业的生产工艺、生产流程、产品特性可能有所不同，这对第三方区块链平台提出挑战。如何适应不同生产场景的过程上链，恐怕非一日之功。如果让企业自己开发区块链平台，那就变成自己约束自己的行为，要投入研发，还要引入监管节点。这虽然对企业来说会增加很多负担，但也可能是最佳方案。

（2）流通阶段。过程溯源发生在企业外部，对整个供应链的协作程度提出更高要求，每个环节的参与者都需要加入进来，保证产品流通链条不会中断。这会涉及包装、物流、仓储、再加工、销售等环节，如何设定关键流程、一般流程，以及如何确保每个参与者都能在同一个区块链平台上完成数据上链。这要求流通环节各个参与者投入人力物力进行配合，也必然会出现同一个流通环节角色，需要适应不同生产商的个性化区块链网络，这对协调度要求比较高。目前只能采取多平台各自独立溯源的方式，未来需要溯源技术的标准化建设，将物联网技术、人工智能技术、边缘计算技术与区块链技术完美结合，让过程溯源成本更低、效率更高。

（3）触达阶段。这是产品与用户接触过程的技术实现。在用户购买之前如何溯源，在购买之后如何溯源，如何终止一个产品的溯源周期，如何处理一个产品被分解后的可溯源性，如何处理残值回收和环保中的溯源，这些问题都需要在设计之初加以考量，不同的产品一定也有不同的解决方案。

过程溯源虽然很难，但却是必然的发展趋势，相信随着区块链技术的普及和成本降低，未来区块链溯源应该会像今天的条形码一样应用到所有产品中，甚至覆盖到产品以外的领域。

◎ 反向溯源

反向溯源，顾名思义，不是对生产方、起始端溯源，而是向消费端、使用端溯源，这种情况会出现在租赁商品、抵押商品、共享商品、公益商品、公共资源和某些特殊商品中。比如汽车，我们购买汽车通常是不需要溯源的，但是汽车生产商对用户使用汽车过程是有溯源需求的。这对车辆性能和安全性能的改善有帮助，更重要的是，发生事故涉及人身安全和财产损失时，需要分清事故责任。我们知道很多知名品牌发生过车辆召回事件。召回通常是因为事故已经发生，或被用户反复投诉车辆缺陷。如果事先安排了反向溯源技术，用户和车辆本身都能在第一时间反馈问题，召回也可以被内置为强制执行动作，这会让车辆缺陷更早被发现和排除。

对于产权人来说，租赁商品、抵押商品的用户使用情况需要被采集和监督，实现远程控制和追踪，以避免财产损失。这也需要用到区块链平台做证据管理。

公益商品、公共资源通常没有产权人，但是仍然存在发生人身伤害和财产损失的风险，也需要有责任承担者；而责任承担者比如保险公司更希望在风险发生前就能够及时加以解决，所以商品、设施使用过程的信息反馈非常重要。

共享商品在未来可能是我们使用最多、最频繁的商品，在移动互联网加持下，共享经济已经非常发达。未来，在区块链赋能下，共享经济会更进一步得到发展和壮大。区块链下的共享经济不会像滴滴、爱彼迎这样以中心化平台、中心化资产管理为组织形式，而是以社区用户众筹设施共享使用的方式，以去中心化分布式商业为组织形式。区块链下的共享商品天然需要在链上进行智能化、通证化管理，包括对使用权的验证、对商品保养维护、对提供服务和贡献的激励。当区块链共享成为主流，我们日常使用的各种设施、工具和服务不再是溯源者而是被溯源者。我们期望自己的使用行为被记录、被存储上链，因为这样我们不但可以得到服务，还可能有机会获得系统的奖励，以及积累个人的数据价值和信用。

通过对区块链溯源的细分和场景应用分析，我们可以更清晰地识别溯源场景和技术应用逻辑，可以用最有效率的方式把区块链技术用在溯源场景上。可以避免用品牌溯源的手段去做需要原产地溯源的商品，而过程溯源可以解决的问题就无须在品牌溯源和原产地溯源上浪费时间。

4.1.2　电子存证

电子存证是运用区块链技术对网络中涉及司法证据的信息进行链上管理的方式，为后续可能发生的纠纷和裁判提供存在证明。电子存证的核心是证据合法性，这不同于区块链溯源时只需做到数据可信。所以电子存证的平台选择非常重要。前面我们曾经举例存证服务，其合法性在于与公证处和司法鉴定中心共同记账。但是早期的电子存证只是公证书和司法鉴定报告的依据，还不能作为直接证据。直到 2018 年 9 月 3 日最高人民法院宣布区块链存证可以合法地用于国内法律案件审理，这才为区块链电子存证打开了发展空间。

另外，自 2017 年杭州互联网法院成立，北京、广州也相继成立互联网法院。互联网法院属于线上法院，区块链电子存证也是数字化证据，加上区块链技术支持多节点共同记账的技术特点，所以一旦某个区块链电子存证平台与互联网法院形成节点关系，就自动被互联网法院纳入取证节点。这意味着实时裁定的可行性，也就是说，假如我们在某网站签署了一个电子合同，如果发生纠纷，只需在该网站提出申诉就能立即得到判决结果，这对司法效率的提升不得不说是一次巨大飞跃。

要想获得互联网法院认可，最好的方式是让互联网法院成为记账节点，如果做不到，也要按照互联网法院的标准建立自己的节点结构和技术标准。所以传统企业在选择存证链时要擦亮眼睛，被互联网法院认可是基本前提。

2018 年 9 月最高人民法院在承认区块链技术可作为司法证据的公告中解释说："如果相关方收集并通过带有数字签名的区块链，有可靠的时间戳和哈希值验证，或通过数字沉积平台收集和存储数据，互联网法院应该承认作为证据提交的数字数据，并且可以证明所使用的此类技术的真实性。"基于这样的解释，我们看到除了用区块链直接记录电子合同签署信息，还可以用区块链技术对发现的侵权信息进行取证，也就是侵权方的数据没有上链，我们仍然可以将侵权页面和相关信息收集上链，作为电子存证使用。那么电子存证至少可以在三个方面发挥作用，即电子合同、电子取证和权利登记。

（1）电子合同。我们都知道在互联网上签合同做交易一定会使工作效率更高、交易成本更低，但是却一直受电子合同可信程度困扰。虽然网络安全管理部门提供了 CA 数字证书这样的加密管理工具，让网站可信性得到提高，但是无法解决每一笔电子合同签署时的双方意愿真实性确认等司法取证问题。2012 年 P2P 网贷爆发让涉及资金安全的电子合同突然暴增，然而有关电子合同的监管技术和司法规则还没有准备好，大量问题互联网金融平台出现，持续造成不良影响，以至于政府对 P2P 平台的治理整顿持续到今天还没宣告彻底解决。

尽管如此，我们不能回避电子合同的重要意义，一旦电子合同可信性得到解决，我们将会迎来在线办公、在线合作、在线交易的进一步爆发，会推动数字金融、数字经济的发展更进一步。所以未来使用区块链技术管理电子合同具有很大的发展空间，比如在供应链金融、国际贸易等场景的应用已经取得很好的成果。

需要注意的是，电子合同也是合同，应该受到合同法、公司法的保护，如果我们自建平台用区块链技术实现电子合同，首先必须确定这是可以受到相关法律保护的电子合同，否则只能作为提高交易效率的辅助工具。

（2）电子取证。电子取证是指在网络上发现侵权行为或诉讼有效证据时的主动或被动收集。国内第一起区块链存证案件就是采用的事后收集存证。2017 年 7 月，杭州互联网法院受理了一起著作权侵权案，原告公司在诉讼前对侵权网页进行了自动抓取及侵权页面的源码识别，并将内容和调用日志等信息的压缩包进行哈希加密，上传至 Factom 和比特币区块链中作为证据保存。这是第一个以哈希值为证据的案件，杭州互联网法院最终采纳了这一证据，并判决原告胜诉。正因为杭州互联网法院的率先尝试，才有后来最高人民法院对区块链存证的认可。那么如果你有被侵权的可能，尽快选择一个第三方存证服务平台，将你要保护的信息通过自动化工具实时进行全网侵权记录存证，应该是个明智之选。

（3）权利登记。权利登记是针对无形资产权属的确权管理方式。对于已经纳入政府职能可登记的无形资产如专利权、著作权、商标权、质押权等无形资产范畴，如果要用区块链技术进行确权和保护，应该与权利职能部门或权威组织建立联盟链节点，否则会涉及合法性问题。对于那些政府职能部门尚未提供统一登记服务或尚未允许第三方补充登记的权利，区块链创业公司可以尝试开发登记平台提供相关服务。这其中潜力最大、范围最广的就是各个互联网平台中的用户著作权或者说版权登记。今天的互联网平台大多数靠用户创造内容，而用户创造的内容绝大多数不能被赋予版权，一方面是因为数量极其庞大无法纳入政府职能部门管理范畴，另一方面因为是技术上难以实现确权和保护。区块链的电子存证技术恰好可以解决这些问题，这也是很多区块链创业公司都看好版权保护这个领域的原因。

尽管已经有众多提供区块链版权保护服务的产品出现，但是真正获得用户认可和积极应用的平台却很少，甚至可以说是没有。我们研究发现，某些版权链的设计模式存在误区，误区之一就是直接面对终端用户。我们一直强调，区块链是用来打造基础设施的，而使用基础设施的是产品制造商，不应该是终端用户。版权保护的核心是统一登记，这是一种中心化服务，其有效性是基于所有同类内容都在同一个平台登记。假设有一个文学作品的版权链，就必须是全国甚至全球唯一的文学作品版权链，如果有无数个平台都可以登记文学作品版权，那要怎样证明我在 A 平台登记的版权没在 C 平台、D 平台被别人登记过呢？又如何证明我是第一个登记的版权人？毕竟我们不知道一共有多少个版权链在运行。

现实情况就是这样，谁也不知道目前国内和国外有多少区块链项目在做版权保护，每个平台都希望更多用户使用自己的平台，但是如果长期无法获得足够的用户，平台就会自生自灭，这会更加令用户失去信心。如果是在传统互联网环境下，我们对一些网络内容的版权认定还可以运用爬虫技术进行全网排序，找到时间最早的发布者，这在一定程度上是可以得到司法认可的。现在多了区块链版权管理形式，让事情变得更复杂。每个版权链都是独立的一条链，技术上很难实现跨链查重和排序，加上每个平台对版权内容的可视化呈现方式也不同，更增加了查重的难度。因此这种自己建一个专业版权管理平台的形式几乎毫无意义，除非能够成为官方授权的版权保护链。

所以版权链应该定位在 B 端，只提供内容存证技术和相关配套服务，面向终端用户的应该是那些原创内容生产平台和服务商。支付宝在 2019 年"双十一"期间上线了图片版权保护应用"鹊凿"，这是使用蚂蚁区块链平台做版权保护的一次有益尝试，淘宝天猫用户原创图片上链后可以获得版权保护，发生盗图行为可作为司法证据。这个场景不是原创者把图片上传到某个版权链专门的平台上，而是在原创作品首发平台上直接进行版权保护。当互联网平台都开始考虑为用户提供版权保护服务时，提供区块链版权存证的基础设施才有用武之地。

除了走出误区，把服务对象转向 B 端用户，版权链还要在技术上为版权保护的可实现性提供支撑。版权保护的可实现性包含两层含义，一是避免侵权并能在侵权纠纷中提供有效证据，二是能帮助版权人合法获得版权收益。在政府职能部门管理下的版权保护只能在第一条上发挥作用，在第二条上常常力不从心，而当我们把版权链应用到具体的互联网平台后，第二条的实现程度则会被大大提高。

实际上这是在创造一种新的商业模式，在同一个平台上完成流量获取、IP 打造、粉丝沉淀、版权变现和版权保护。

证明工具是区块链应用最广泛的一种工具，几乎所有场景应用都会触及证明工具，毕竟区块链技术的本质就是制造信任。

4.2　增信工具

所谓增信工具，是指为企业增加信用的方式。这里的信用指的是融资能力、赊账能力和交易能力。这些能力对一个企业来讲非常重要，无论是面对机会还是面对困境，我们都需要拿出自己的信用能力。你能否借到钱，借不到的话你能否先欠钱，你能借到多少钱、能欠多少钱，能得到多大的机会，都是你的信用能力决定的。但是信用从哪里来，毋庸置疑，信用一定是靠自己日积月累创造的。那么问题来了，我们日积月累的行为如果没有人来记录和证明，是不是意味着信用的流失？事实证明确实是这样的。

一家企业要想获得银行融资，除了经营能力，最核心的条件可能是可以抵押的资产。你说自己很讲信用，几十年来从不违约；银行说，对不起，我不相信你，拿抵押物来。如果你没有，退而求其次，银行会要求你提供担保，找一个银行认可的有担保能力的企业提供担保。还不行，就再退一步，看看你有没有应收账款，能不能基于买方的付款信用作保理融资。总之，就是不相信你的信用，只有极少数企业可能拿到银行的信用贷款。

必须承认，我们国家的金融发展还很落后，尤其是公司金融业务与发达国家的金融服务水平相差甚远，这与我们改革开放以来一直没有开放金融业有一定关系。那么有没有可能让金融机构增加对我们的信任，或者不借助金融机构解决企业的资金问题？

办法当然有。如果加以分析，我们会发现，其实解决信用问题的本质是在解决企业经营信息透明度问题。透明可信的过往就是一个人或一个企业的信用来源，生活中我们与人交往，信任程度与交往时间和了解程度成正比，你可以借给一个人多少钱，取决于你对这个人的了解程度。事实上，基于透明度的授信已经被互联网公司运用得非常好了。蚂蚁金服靠的就是对每个用户的了解程度为用户提供免息信用（花呗）和信用贷款（借呗）服务的。

既然透明度很重要、信息可信很重要，我们就要请出增信利器区块链了。区块链可以让数据可信，也可以让信息透明，打造专门为企业提供信息记录和透明化服务的基础设施，就能让企业特别是中小企业获得更好的金融服务和交易机会。区块链增信基础设施至少可以赋能三种场景，即供应链金融增信、交易信用增信和加密数字场景增信。

4.2.1 供应链金融增信

供应链金融是区块链应用比较早也比较多的领域。从狭义上讲，供应链金融是银行围绕核心企业管理上下游中小企业的信息流、资金流和物流，并把单个企业的不可控风险转变为供应链企业整体的可控风险，通过立体获取各类信息，将风险控制在最低的金融服务。但是随着各类创新解决方案的出现，供应链金融已经不只是银行的业务范围，一些核心企业和第三方专业机构开始尝试自建平台、自己开发供应链金融产品，解决上下游企业资金流问题。

之所以有供应链金融的出现，是因为在经济活动中，大型企业通常在整个供应链中处于核心地位，对上下游中小企业拥有话语权，往往对供应商要求赊账购买，对经销商要求先收款后交货，其自身就可以获得充足的现金流，而不需要向银行申请贷款。这样缺钱的永远是上下游中小企业，而这些企业又无法获得银行的贷款支持，于是基于供应链业务特点，一些金融机构开发了专门针对供应链场景的金融产品。按照供应链环节，银行匹配不同的金融产品，比如订单阶段提供订单融资，发货和入库阶段提供存货质押融资，交付核心企业获得应收账款确认后的保理融资，取得买方或银行承兑汇票后的票据质押融资或贴现融资，涉及国际贸易的还会有基于信用证的一系列金融产品。尽管有很多产品，但是多年来银行提供的供应链金融业务并不能满足市场需求，多数银行对供应链金融业务非常谨慎，甚至拒绝提供。主要问题还是此类信贷业务通常没有抵押担保措施，再加上信息不对称，导致风险不可控，让银行蒙受损失。

日常业务中，核心企业通常会先以应付账款（对供应商来讲是应收账款）的形式占用供应商的资金，等合同到期需要付款时，再使用商业承兑汇票作为付款方式支付给供应商。对供应商来讲，票据虽然可以当作现金使用，但票据都是有面额的，假如收到一张1000万元的票据，此时供应商需要支付200万元给自己的上游供应商，那么他不能把 1000 万元的票据拆成两半，只能选择将票据拿去金融机构或票据中介那进行贴现，也就是支付一定手续费把票据变成现金。这样做的结果就是直接损失了贴现利息，其实对本来就很弱势的中小企业来说是很大的压力。

为了降低中小企业的资金融通成本，一些核心企业就打造了供应链金融平台，如中国中车集团、海尔集团、TCL 集团等都取得了很好的成果。中国中车集团联合多家央企发起建设的中企云链网络平台是规模最大、影响最广的供应链金融平台。这些企业搭建的供应链金融平台基本都是在解决同一个问题——核心企业信用拆分和流通问题。所谓核心企业信用，就是核心企业的应付款，一般以银行承兑汇票、商业承兑汇票和应收账款的形式出现。

这些平台的解决方案就是让供应商在建好的网站上注册身份，然后把核心企业发行的与实体票据锚定的虚拟票据拆分成自定义额度，当作现金支付给自己的供应商。这就要求自己的供应商也必须在这个平台上注册身份成为会员，以此类推直到某个供应商不接受这种支付方式，那最后一个持有虚拟票据的中小企业就必须去平台指定的贴现服务商那里把虚拟票据换成现金并支付手续费。贴现服务商可以将收集到的虚拟票据在到期日向核心企业要求全额兑现，这个贴现服务商通常都是核心企业的关联公司。实际上核心企业打造一个供应链金融平台是一举两得，既可以满足供应商的资金流转需求，又可以进一步扩大信用发行量，还能赚取贴现收益。

可以说在票据拆分流通问题上，一些核心企业使用传统技术手段解决得已经非常好。但是这些平台都有一个致命的弱点，就是中心化。平台运营者对平台有控制权，这会产生新的信用风险，比如信用超发问题，如果核心企业只能承担 10 亿元的应付款能力，却发行了 20 亿元的虚拟信用，则必然给整个供应链造成巨大的风险隐患，一旦发生挤兑就会有崩盘危机。金融监管在这一领域目前还很难有效实施，即使是完全依托金融机构的授信发行虚拟信用，也未必能避免超发信用的风险，毕竟风险是动态变化的，企业信用能力也是动态变化的。

◎ **供应链金融整体解决方案**

用区块链技术解决供应链金融问题还是从基础设施入手。我们认为供应链金融场景需要的是一个稳定币发行系统，可以使用如图 4-3 所示的模型实现。

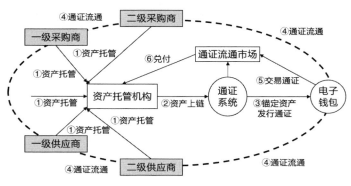

图 4-3　供应链金融场景资产通证化模型

这是一条资产通证化公链，这条链可接入符合条件的资产托管机构，为资产托管机构提供的数字化资产发行通证。这些通证由资产产权人持有，并可在链上电子钱包中流通。电子钱包同时也承担通证之间兑换的流通市场职能，资产托管机构是已发行通证的无条件回收方。在这个场景中，无论是核心企业还是供应链上的中小企业都可以通过资产托管机构发行资产通证，也可以从市场中收集适合自己需求的通证，这样中小企业不再是被动接受者，一旦体系形成，在一条公链上可以形成无数个供应链闭环，实现无缝信用流通。

假设一个中小企业收到核心企业支付的通证，它可以继续向上支付，也可以转让给核心企业的采购商，还可以换取上游供应商发行的通证，核心企业采购商可以直接使用核心企业发行的通证支付货款，由此核心企业就会收回自己发行的通证，通过销毁或再发行进行清算（见图 4-4）。同理，任何平台用户在需要支付款项时都可以使用自己发行的通证或用手里的其他通证兑换卖方发行的通证作为支付工具，这种可回收交易占比越高，加入平台的价值就越大，每个参与者都能从中获得现金节约和成本节约。

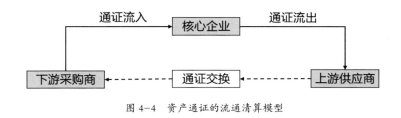

图 4-4　资产通证的流通清算模型

细心的读者一定会发现，这本质上是一种直接或间接方式的信用互换模式，具有消灭三角债的功能。一旦平台上出现三角债关系，一定会被发现并立即消除。也许困扰我们多年的三角债问题有可能通过区块链得到彻底解决。

不过这个模型的可行性还需要很多条件来支撑。首先是国内金融监管如何界定这样一种类证券化发行的模式，这个平台发行的通证很像证券，但又有所不同。第一，它不是用来融资的，通证的发行依据是已经证券化的金融票据或企业信用，通证只是锚定金融资产的数字化标识；第二，通证不是投资品，平台上没有投资人角色，只有交易需求者。参与者基于真实交易产生对通证的需求，而且技术上我们应该要求这些交易都在链上记录并承担法律责任。

资产托管机构是个重要角色，最适合的是银行金融机构、信托机构，也可以是经过审核的其他金融服务机构。托管形式必须符合法律法规。随着可锚定资产范围的扩大，资产托管机构的范围也会扩大。除了票据资产、应收账款，我们还可以在法律法规允许的情况下，发展标准产品提货权，交易信用、品牌资产等无形资产的锚定发行，资产托管机构将不再是金融机构，而可能是仓储服务公司或虚拟服务商。未来资产托管机构必须向线上化、虚拟化、智能化升级，真正实现数字化监管、智能授信和自动兑付。

电子钱包是公链配套软件，提供通证的账户管理和兑换。电子钱包可以是去中心化的，不受任何一个核心企业控制，这对用户隐私保护和权益保障是非常重要的。

公链本身的组织结构应该考虑到金融监管的必要性，使用有监管节点的生态公链结构是比较适合的选择，一定数量的关键节点是不能缺少的，这些关键节点在某些特定事件上拥有决定控制权。

◎ 应收账款融资区块链解决方案

前面我们讨论了供应链金融场景全流程解决方案，这个方案对参与各方的配合度和技术要求较高，并不容易实现。目前应用区块链解决供应链金融问题比较多的实践是针对"票据信用"拆分和流通的解决方案，所谓票据信用，是指企业对外支付款项时使用的代表债权债务关系的非现金工具，比如银行承兑汇票、商业承兑汇票及交易合同中的应付未付款项。票据信用通常由产业链中处于核心地位的企业发行，用于向上游供应商支付货款或赊购。这种形式对上游供应商来说是一种资金占用，也是大量中小企业流动资金紧张的主要原因。一方面需要下游核心企业的订单确保企业生存，另一方面又必须承受延期支付货款的巨大资金压力，当急需资金组织生产时就只能依靠银行贷款或将手中的票据贴现换取现金，无论是贷款还是贴现都需要支付一定的利息或费用，这自然增加了企业经营财务成本。

我们经常从国家金融政策中看到解决中小企业融资难融资贵问题的关键词，中小企业之所以融资难、融资贵，其中一个重要原因就是下游企业延迟支付甚至拖欠行为。如果用区块链技术搭建一个票据信用发行流通平台，可以这样解决，比如由几家银行联合发起一个"票据信用链"（见图4-5），由银行监督核心企业发行票据信用，通过系统将票据信用通证化。通证化的票据信用是一种数字化凭证，可以作为支付工具向上游供应商支付，上游供应商可以将通证按需拆分，并作为支付工具继续向上游流通使用。同时银行提供贴现、保理、发行理财产品等金融服务，上游供应商随时可以将手中持有的通证化票据向银行或其他贴现服务商要求兑换现金。贴现服务商持有票据至到期后再向发行方核心企业要求兑付。

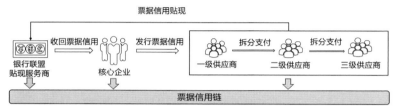

图 4-5 票据信用链

这个解决方案最大的好处是可以帮助中小企业降低贴现成本，同时控制核心票据信用风险。比如，企业持有 1000 万元应收账款，当前需要使用 100 万元支付货款且只需要使用 7 天。传统方式下，需要将 1000 万元全部贴现并支付一定利息费用，按 2% 费用计算需要支付 20 万元。现在可以将其中一部分通过区块链技术发行成数字资产，比如发行 100 万元 7 天的数字资产，通过银行提供的平台向投资人融资，这只需支付 7 天的利息，同样按 2% 的费用计算只需支付 2 万元，这显然比将 1000 万元全部贴现的成本要低很多，也能够更灵活地使用应收账款，通过应收账款链企业得到了好处，投资人也赚到了钱。

这种个性化、精细化、高效低成本的融资手段是区块链赋予的技术优势。使用区块链技术的优势还在于，基于多方共同记账让核心企业发行信用资产的过程更透明，避免出现超出偿付能力发行信用资产问题发生；同时基于不可篡改和智能合约执行，不会有违约、拒付等风险；基于信息可追溯特性，让融资企业的背景更真实完整、可穿透。

当区块链基础设施能够为供应链成员提供整体赋能时，不仅可以推动成员间的信用流通，也会让每个成员的真实信用得到认可和提升。

4.2.2 交易信用增信

所谓交易信用，是指企业基于交易履约情况积累产生的信用。这很像支付宝的信用产品"芝麻信用"，"芝麻信用"的核心数据就是用户履约，现在"芝麻信用"分已经具备非常广泛的应用场景，个人可以积累履约信用分，企业当然也可以，只要条件具备、工具到位。

交易信用比供应链金融发挥的作用更前置。供应链金融是对交易环节的赋能，提供直接或间接的资金替代方案。但是交易是双向的，除了支付还需要产品、服务的交付并得到买方认可，交易才算完结。交易信用不仅是产品、服务交易履约的信息积累，也包括投融资履约、合作履约等各类企业主体参与的社会经济活动。

交易信用服务体系（见图4-6）是企业征信体系的补充。企业征信一般只包括企业融资相关行为的记录。交易信用是以非融资活动为主的行为记录，但可以涵盖链上发生的融资行为。交易信用的关键要素是电子合同、电子协议和履约确认流程。

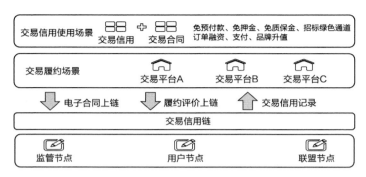

图 4-6 交易信用服务体系

　　提供交易信用服务的区块链基础设施是一条联盟链。要管理交易合同就涉及合法性问题，所以要有监管节点加入，比如公证处和互联网法院。除了监管节点，每一个加入联盟链的交易平台商都应该是用户节点，如果不止有一个交易信用链在运营，那么不同交易信用链之间互通数据非常重要，在技术上应该解决跨链合作问题，预留出联盟节点接入功能。

　　交易信用链从交易场景中收集信息。这些交易场景通常是企业 ERP 系统服务商、B2B 电商平台、供应链服务商等为企业服务的平台机构，这些平台通过调用电子合同存证服务，上传合同信息和履约反馈信息，接收交易信用综合评估结果。

　　交易信用的应用场景通常与交易场景重叠，这会提升交易场景服务商的服务能力，助其留住客户并从客户身上挖掘新的价值空间。对终端企业客户来讲，拥有交易信用值将有机会在新的交易中得到免预付款、免押金、免质保金等优惠，还可能得到订单融资、品牌升值、招标绿色通道等机会，且能作为支付手段或为别人提供担保等。

交易信用是一个非常复杂的体系，需要有能力将相关资源协调匹配起来的发起人。传统企业，特别是中小企业，非常需要这样一个交易信用平台，这会让诚信企业得到应得的市场待遇，让不诚信的企业选择诚信，否则就会在竞争中被淘汰。我们要打造诚信社会，提供交易信用服务是不能绕过的内容。

4.2.3 加密数字场景增信

加密数字场景是指基于音视频、传感器等物联网硬件进行数据采集将一个真实场景数字化呈现的形式。众所周知，物联网、大数据、人工智能、区块链都是当前最为重要的新技术，万物互联已经是必然的发展趋势，对物联网硬件的数据整合必将是未来商业应用的重要领域。我们认为企业经营场所数字化也是企业获得信用增长的重要途径之一，也必将成为未来企业管理的基本配置。

实际上，今天我们身边各行各业的经营场所中，视频监控、电子门禁、智能考勤、智能电表、智能安防、自动化生产线、中央指挥系统等数字化设施普及率已经非常之高，打造一个区块链基础设施为企业场景数据提供加密存储，为场景数据需求方提供工具开发环境，可以帮助企业提升经营信息透明度，减少与金融机构、合作伙伴和客户之间的信息不对称，提高交易效率、降低交易成本。

加密数字场景模型包含三个部分，即企业端、服务端和用户端（见图 4-7）。

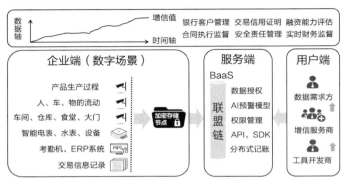

图 4-7　加密数字场景模型

（1）企业端。由一组可扩展的物联网设备、软件系统和加密存储节点组成，目的是让企业经营状况和内部管理相关信息能够被完整收集，通过区块链加密技术进行加密，以分布式节点存储方式安全存储。在每个企业端节点部署一定容量的存储设备，存储企业完整数据，将加密后的数据分配到链上进行分布式记账。这第一步是解决企业信息要么被外部机构收集滥用，要么无法收集，导致企业数据价值得不到发挥的问题。

以摄像头为例，目前国内监控摄像头市场基本被几个头部企业垄断，这些企业都掌握每一个网络摄像头的接口和数据流，其中蕴含着巨大的信息泄露和被非法控制的风险。实际上已经上市的各种提供在线服务的智能设备，无一例外地依靠后台云中心提供在线服务，我们无可避免地面临信息安全问题。在企业端甚至家庭端增加一个加密网关具有非常重要的隐私保护意义。

（2）服务端。这是一个区块链联盟链底层平台，负责将企业节点传输来的数据进行加密和确权，并将数据使用权赋予企业端，企业有权决定谁可以使用、如何使用数据。系统根据外部用户需求提供接口和数据调用模板，使用同态加密、零知识证明等技术管理数据交付。服务端系统是一个开放的 BaaS 平台，可以为数据需求用户和数据产品服务商提供平台支持。服务端组织形态可以是一个企业成员组成的加密数字场景联盟，系统的支持服务已经分配到每一个企业节点中，所以不需要中心化组织管理。但在每个企业端部署加密数字场景需要专业团队来实施，这个专业团队就是"上链服务商"。这就像今天我们都很熟悉的上云服务商，上链服务商可以向企业端收取服务费，并提供持续的支持服务。

（3）用户端。这是对企业场景数据有需求的人。用户端使用数据需要借助数据处理工具，数据处理工具可以是用户自己开发的，也可以是第三方专业公司提供的，设计者根据 BaaS 提供的工具开发有市场需求的具体产品和功能。

比如银行贷后管理工具。多年来贷后管理流于形式一直是所有银行的共同弱点，特别是对中小企业的贷后管理。通常银行的贷后管理是根据企业信用等级进行周期性检查，比如 3 个月检查一次。但是贷款户众多，一个信贷员可能要管理 100 甚至 200 家企业，3个月完成一次登门检查几乎是不可能的。不去检查，靠打电话、发邮件得到的信息一定是报喜不报忧，有时候企业都关门半年了银行才知道；更多的情况是企业开始欠息，银行才会去看看，这个时候往往已经错过了最佳处理风险的时机。

如果贷款企业的场景信息可以被银行远程获取，那么对银行及时发现问题、及时采取措施有非常重要的意义。将银行最关心的几个数据，比如用电数据、库存数据、销售数据、回款数据通过一个客户端应用软件，以实时的方式传递给信贷人员和风险管理人员，并提供关键指示预警，这必然大大提高银行的风控能力，减少贷款风险的发生。这样一个产品完全可以依靠服务端的 BaaS 平台开发实现，不管是用同态加密还是指标预警或是授权直播画面等方式，都能在保护企业隐私的前提下满足银行监管的需要。

对于那些因为了解企业场景数据而获益的机构，企业还可以出售自己的数据获取额外经济价值，比如设备制造商、配套服务商、保险公司、增信服务商等。这里的增信服务商是指提供投后管理、贷后管理或企业评级服务的专业机构。这些机构靠对一批客户的长期跟踪了解形成更准确的风险判断，为金融机构提供标准化、客观准确的风险管理服务。这对降低整个社会的风险管理成本有很大帮助，因为现有模式下各家金融机构都使用自己的信用评级和风险评估模型，用自己的团队和风控制度管理客户，但是对于客户来讲，同一个企业客户可能会面对不同银行的不同标准、不同方式、不同人员的管理。这种各自为战的服务方式，对企业来讲是一种负担也是一种不公平，对银行来讲则是一种资源浪费。标准普尔、穆迪这两家国际知名的专业评级机构，早就成为众多国际金融机构的客户风险评估服务商。如果加密数字场景区块链平台可以推动国内出现专业信用评级机构或风险管理服务商，那么国内金融机构的风险管理水平一定会进一步得到提升。过去各家银行拼的是信贷员素质，有了第三方风险服务商，银行之间比拼的就是首席风险官、风险管理委员会和算法模型层级的水平能力，基层信贷人员只是决策执行者而非数据采集者和风险判断者。

加密数字场景基础设施是企业特别是中小企业提升自己信用能力的工具，这种信用能力可以量化为增信值，随着使用时间越长积累数据越多，增信值逐步提升，所以越早实现自身场景的数字化加密上链，就会越受益。加密数字场景除了可以应用于金融场景，还可以发挥交易信用证明、合同执行监督、安全责任管理、实时财务计算等各个维度的作用，创造更多新的商业机会。

4.3 安全工具

提到安全，这应该是区块链不可替代的能力之一：依靠分布式记账和共识机制就能制造无法篡改数据记录，再加上智能合约赋予的可编程性，把需要强制执行的规则以分布式记账的方式保存，在触发条件满足时就能不受干预地自动执行。于是一直困扰我们的数据永久保存问题和智能应用安全问题都找到了解决方案。

4.3.1 数据永久保存的问题

自从计算机诞生以来，数据存储方式发生过多次变革，从磁带到磁盘、光盘、闪存，再到今天的云存储，我们总是想方设法让数据能够安全地保存并可以随用随取。一开始我们自己备份，后来我们交给云服务器，但是云服务器也是被某个公司运营的，也是通过备份来抵御风险的，一旦网络出了问题、运营公司出了问题或者存储设备出了问题，都可能带来灾难性损失。这不再是一个人的损失，而是一群人的损失。

区块链的诞生让我们见识了永远不用重启、永远不会宕机、数据永不丢失的系统可行性。目前比特币网络和以太坊网络的稳定性、安全性已经得到公认，许多人把希望永久保存下去的信息写到以太坊上。比如 2020 年 2 月 7 日，有人在以太坊公链创建了一份智能合约，合约将一段由字符组成的纪念碑记录到链上，以纪念 2020 年新型冠状病毒肺炎疫情中去世的"吹哨人"李文亮医生。毋庸置疑，这条记录一定会永久保存下去，类似有永久保存目的的记录可能还有很多。

数据永久保存可以说是任何企业、组织、个人都会涉及的需求，大到重要工程的施工图纸、建设流程，小到每个人的日记本、备忘录，都有永久保存的意义和价值。当前被普遍看好的文档分布式存储方式是 IPFS 技术，应用这种技术搭建的存储网络平台作为基础设施服务商，基于分布式存储设施，我们就可以开发出各种应用软件来为用户提供数据永久保存的服务，比如可以永久传承的家族相册、可以祭奠祖先的数字公墓、可以辅助维修改造的 VR 工程结构实景等都会被逐步开发出来。

4.3.2　智能应用安全问题

有观点认为我们人类的下一个进化时代就是智能时代，我们正处在智能时代的起点，对此我深表赞同。智能时代的确已经来临，因为我们在技术上已经准备好了，从物联网到人工智能、大数据、5G，可以说万事俱备，而发动智能时代的东风就是区块链技术。

我们知道，物联网技术与人工智能结合已经发展出智能物联网，但是当各种各样的智能硬件出现在我们身边的时候，我们非常担心这些无人控制的智能设备会不会被恶意操控，从而造成隐私安全、人身伤害和财产损失。比如无人机、家庭机器人、无人酒店、无人超市、无人驾驶汽车，等等，不管是有人远程控制还是纯粹无人的智能自动执行，都会令人不安和恐惧，所以对智能设施的安全管理手段至关重要。区块链技术可以通过智能合约实现无干预自动执行指令，加以延伸可以运用到智能设施安全控制中，通过对黑名单指令进行智能合约管理，让任何人都无法修改和执行黑名单指令，这在大多数场景中都可以解决无人控制系统的安全问题。

同样的逻辑，一个区块链项目上线也必然涉及代码，一旦部署到分布式网络中就很难进行修改和升级，这些代码如果包含危险指令也同样会带来风险。所以对区块链项目的安全审计特别是智能合约的安全审计非常重要，由此会需要一种新的组织出现，就是智能合约审计。这需要一定的官方授权和认证，需要有独特的审计工具和技术手段，比如沙盒环境或虚拟生态环境。

安全工具的赋能场景是企业和消费者对数据安全和产品安全的需求，这种应用是基础性和普适性的，有了区块链加持的安全解决方案，必然会推动物联网、人工智能应用下商业形态的进一步创新，诞生更多新产品新服务。

4.4　结算工具

区块链提供结算工具是最早的应用场景，也就是以比特币为交易媒介的黑市交易。但是我们都清楚，用比特币进行黑市交易不是比特币的错。当国际金融巨头意识到区块链电子货币的优势时，他们很快就成立了世界上第一个区块链应用联盟——R3联盟，联盟的目的就是用区块链技术解决银行间国际结算的效率和成本问题。现在已经有众多金融区块链联盟成立并开始使用区块链技术。当不同国家的银行需要进行汇兑结算时，以往是需要通过一个个中间银行和金融机构不同币种的汇兑和记账工作，流程烦琐、效率极低而且成本很高。当这些银行共同建立一个区块链联盟，在联盟链基础上发行一种共同接受的数字货币，然后通过这个数字货币进行流转记账时，由于联盟链结构每次记账都是全体成员参与的同步行为，所以这就把多次记账模式变成一次记账模式，使国际汇兑效率大幅提升，各家银行最终清算时只需根据手中的数字货币去向资产托管机构结算本国货币即可。

除了被金融机构用来解决国际汇兑问题，对于那些提供跨境服务的经营者，数字货币也是一个有效的结算工具，尤其是提供虚拟服务的个体经营者。比如，你是一名设计师，你可以通过网络获得你的用户，但是当用户是境外客户使用他国货币结算时，你通常无法完成这样的业务交易，但是如果你接受数字货币支付比如泰达币[①]，

---

① 泰达币是一种将加密货币与法定货币美元挂钩的数字货币。

你就不用担心客户身在哪个国家，使用哪种货币。你只需要求他支付泰达币就可以了。一般来说，兑换到泰达币并不难。在这里数字货币帮你打破了业务边界，你可以服务世界任何国家的客户，你的作品也可以被更多人拥有和喜欢。

区块链这种打破业务边界的作用，虽然使商业服务和交易更加自由，却给国家税收和金融监管提出了难题，特别是对于洗钱和各种非法经营活动的监管更难。虽然我们不希望这种事情发生，但是我们无法阻止人们对数字货币的认知和接受度越来越高，以数字货币为结算工具的商业活动也必然越来越多，所以，国家主权数字货币的研发和推行已经迫在眉睫，这是发展的需要，也是监管的需要。

4.5 个性化产品上链工具

产品上链，顾名思义，是将企业的产品搬到链上的方式。产品上链是溯源的基础，我们讨论过区块链溯源未来可能成为产品必备属性，任何产品甚至是任何物品都可以溯源，正所谓"万物皆可溯源"。不过这要建立在万物皆可数字化的前提下，同时还要将溯源成本降到足够低。如何做到这些才是当前面临的最大问题。

当产品上链成为趋势，解决每一类产品数字化的方法和工具是首先要解决的问题，这其中原产地识别是一个关键需求。我们在 4.1 节介绍了五常大米的原产地识别方案，农产品普遍无法进行个性化识别和标识，所以解决起来相对困难。而有些产品可以通过识别产品自身的唯一性信息产生数字通证标识。假设这个唯一性可在特定条件下随时被采集和验证，我们就能实现原产地溯源。比如玉石、书画、艺术品等，此类产品每一个都有自身的独特信息，包括形状、体积、成分等等物理特征，在特定设备下完成信息采集和加密，上链后可以在任何时候用相同设备采集信息比对链上的加密信息，就能获得真实性验证结果。

此类产品的溯源属于出处溯源，也是原产地溯源的一种，我们需要追溯到是谁第一个把产品上链，这个首次上链的人是产品的真实性承诺人，之后的流通过程中任何人提出质疑，都可以向首次上链人追究相应的责任。基于这样的机制设计，我们可以有效解决艺术品真伪识别难导致的交易和流通问题。一旦真实性承诺人确定，流通中的参与者就可以忽略真伪识别环节。凡是已经上链并得到真伪承诺的产品均可以放心交易和持有，这会大大提高交易效率，降低交易成本，也让艺术品市场可以吸引更多参与者，创造更大商业价值。

这种特殊产品或者说作品的溯源关键是个性化信息的数字化过程，也就是识别每个产品唯一性要素的技术解决方案。一旦这个问题被解决，后面的上链和溯源问题就迎刃而解。我们以玉石原石和雕刻品为例，这个解决方案适用于单个体积稍大、形态稳定、价值较高的玉石类产品，也可供其他类似产品借鉴。

玉石有两种形态：一是原石，二是雕刻品。这两种形态我们都可以采取"收集三维扫描建模 + 局部微尺度识别 + 北斗授时 + 持有人身份"四个要素完成唯一性标识（见图 4-8），经过哈希加密获得产品通证。三维扫描是成熟技术，有很多专用设备。每块玉石在形状上都是独一无二的，经过三维建模可以存储成一个完整精确的数据文档。局部微尺度识别是通过微型显微镜采集特定坐标点放大若干倍后的影像文档。北斗授时记载上链时间地点。持有人身份就是承诺人，对于玉石来讲最重要的是雕刻作品的承诺人。对于已经存世的作品，承诺人是收藏者，通常对真伪具备承诺能力；对于新作品，承诺人应该是其作者雕刻师，这类作品上链是最有价值的，不但促进流通，还兼具版权保护价值。

收集三维扫描建模　　　局部微尺度识别　　　北斗授时　　　持有人身份

图 4-8　个性化产品上链常用模型

和玉石、玉器一样具备投资和收藏属性的还有古玩、字画、手工制品甚至茅台、普洱等特殊产品，它们都具备单位价值较高、鉴别难度大、具备增值属性的特点。这些产品的上链都具有非常重要的意义，甚至是从根本上解决了过去无法解决的问题，比如共享收藏、共享投资、防伪鉴真、快速变现等问题。这里同样是借助通证的作用，当艺术品或限量产品有了数字身份，投资、收藏和传承的方式就可以更多样，对产品的真伪判断逻辑也会有所改变，我们通过区块链的技术和机制设计让艺术品交易更简单。

个性化产品通常具有收藏价值和增值预期，仅仅实现产品上链、可溯源、可防伪并不会直接创造价值，甚至是为产品交易增加新的成本，所以必须建立相应的数字化身份流通体系才能真正创造新的市场空间和商业价值。这个流通体系就是一个数字资产公开交易平台。

数字资产公开交易平台一定会在不久的将来成为一种新的业态，负责提供产品持有人之间的撮合交易。如同线下的古玩市场、拍卖行、画廊、经纪公司一样，这些场所也需要线上化并且与产品上链后的数字身份相通，才能够满足数字资产的交易撮合需要。这与数字货币交易所不同，数字资产交易平台所交易的是锚定资产发行的通证，每一个通证都可以兑换相应的实物产品。同时，交易平台还必须配备符合条件的托管和监督机构（智能存管）来保证实物产品的可交付，具体操作需要根据产品和通证特性进行设计和实施。另外，这种实物产品监管应尽可能实现智能化无人监管，这样才能更好地发挥区块链智能合约控制的作用，确保安全有效的产品交付。

4.6 标准化产品上链工具

首先我们需要理解，当一件产品不能拥有区分唯一性的属性时，我们就无法获得对该产品的所有权，比如一件衣服、一个茶杯、一本书，这些在相同条件下批量生产且完全一样的产品就是标准化产品。从某种意义上讲，这件产品谁在使用谁就是所有者。这与现金的匿名性非常相似，你把一个皮包弄丢了就如同你丢了现金一样，你通常无法证明别人手里一模一样的包就是你曾经丢掉的，虽然他也无法证明是属于他的。当然你可能运用一些手段最终解决了问题，但这一定不是普遍适用的解决方案。所以我们对匿名财产的保护只能靠自己加强防范。

但是也不是所有产品都不能确权给消费者，政府会出面对那些价值比较巨大的产品进行实名制保护，也就是登记制度，比如房产、土地、汽车等，被政府职能部门登记的资产就成为被确权的资产，一旦发生纠纷是可以得到法律保护的。但这种确权是需要财务成本和管理成本投入的，相应地也为行政执行者提供了寻租机会。

为什么政府不能为所有私人财产都提供实名制登记保护？很明显这种第三方登记确权是一种高成本、低效率的解决方案，不可能应用到所有产品财产中。但就真实需求来讲，消费者当然希望自己花钱买的东西都能被明确标识为归属于自己，这种产品财产确权需求是天然存在的。既然是传统手段无法解决的问题，我们就要试试区块链能不能解决。

用区块链技术解决产品确权问题是将中心化登记确权变成去中心化账本确权，既可以给第三方登记机构提供一个便捷的工具提高登记效率，又可以颠覆第三方登记机构建立基于共识的财产确权保护机制。这种新的确权方式比传统方式成本更低，同时还能保留产品的匿名性，使产品主人的隐私也得到保护。

当产品以数字化的方式被记录在某个账本中，每个产品都会拥有一个账本赋予的数字身份，这通常表现为通证。产品所有者除了拥有实物产品，还将同时拥有一个对应的数字通证，在特定条件下，比如被互联网法院存证的数字通证，产品所有者可以通过出示数字通证证明对产品的所有权，而持有实物产品并不能拥有产品所有权。如果不能取得互联网法院之类数字化信任机构的认可，消费者还可以基于某种已经达成的共识，在一个群体范围内实现产品数字通证的确权和保护。

　　举个例子：比较典型的产品确权需求是奢侈品。消费者若花了很大一笔钱购买了一款心爱的包，当然希望拥有绝对的所有权，一旦丢失或被盗都能够方便地找回。这种需求在过去只能靠发票和保险等方式满足，而这些方式都无法完全解决问题，而且可以实现范围也很小。

　　如果以区块链技术解决，可以分两步实现。第一步是为每个包配备一个芯片，内置在包的夹层中，使其必须经过破坏才能取得，同时建立一个分布式记账体系（一条链）为芯片的数字身份进行记账。之后该产品的生产者只需向社会公布产品所有权以持有产品数字身份为准，即可重塑消费者共识。今后如果你去购买一款包，销售者必须将芯片所对应的数字身份通证同时转让给你，否则意味着你没有真正取得该包的所有权，这就是产品确权的数字化实现方式。同样，如果想要出售一个包却没有数字身份通证可以转让，那说明对方无法取得这个包的所有权，也就无法达成交易，于是大部分非法交易都将被杜绝。

　　除了用新的消费者共识建立一个确定产品所有权的新规则，我们还需要一个能够随时找回产品的技术解决方案，这样才能让非法占有者真正放弃念头。这就是"去中心化失物寻回系统"。这个系统以去中心化方式安装在任意消费者的手机上，它的作用是通过手机蓝牙与周围一定范围的上链产品中内置的蓝牙芯片进行交互，获取定位信息并传输给丢失者，甚至自动报警。

这种失物寻回系统必须是一个覆盖范围足够广甚至包括地球上所有人的系统，才能真正发挥其价值。而这样一个系统不可能是某个商家用来找回自己品牌产品的工具，而一定是第三方提供的公共基础设施。这种基础设施专为上链产品提供服务，但又很难通过收费产生盈利，所以最好的实现方式就是基于区块链公链技术建立自组织社区，以通证为工具通过某种经济模型的设计，使这个系统能够快速传遍全球，让足够多的人主动自愿地参与到这个对等网络中成为节点。

通过这样的设计，带有蓝牙智能芯片且具有数字通证身份的包，一旦被盗或丢失，只要向失物寻回系统发出一个授权并支付一笔通证费用，那么在失物附近的人只要手机上有失物寻回软件就可以发出信号。这个自动发送信号的手机主人可能并不知情，但是一定会得到系统的通证奖励。

当然，没有全球失物寻回系统产品上链也能够解决产品确权问题。既然产品可以实现数字化确权，数字身份可以代表产品所有权，那么产品定制、预售和众筹将变得更加容易和灵活，消费者在参与定制、众筹和预售的过程中，可以先持有数字身份，这样在产品实际交付之前，消费者都可以将产品数字身份进行转让，使产品提前进入流通市场。这有点像期货交易逻辑，不同的是期货交易需要复杂的管理体系与严格的品类管理和准入门槛。产品数字化确权后的数字资产交易是零售化的实时所有权交易，适用的范围更广泛，可以满足更多个性化需求，也会推动 C2M（用户直接制造）商业模式的蓬勃发展，进一步解决去库存和降低交易成本的问题。

企业生产的产品有千千万万种，这些产品实现数字化的方式也一定是多种多样的。目前产品数字化做得比较好的行业一定是智能设备生产商。以小米为代表的科技公司，每一件产品都可以联网使用，当用户把产品买回家，第一件事就是打开 App 将产品绑定到手机上，产品立刻与用户的身份形成关联，这样每一件产品就都有了自己的唯一身份和归属。由此我们说这件产品已经实现了数字化，而只有能数字化的产品才能被区块链确权和管理。

4.7 产品共享工具

共享经济模式从 2008 年爱彼迎问世开始，逐步成为创新经济模式的典范，尽管经历了共享汽车、共享自行车、共享电动车、共享充电宝、共享雨伞等大规模竞争，但是与真正的共享经济时代还相差甚远。由于运营成本和竞争的原因，很多共享经济模式还很难做到主业盈利，还在拼资本、拼用户、拼数据。而社会向数字化、智能化发展的趋势决定了共享经济模式未来一定会大行其道。世界著名的预测学者凯文·凯利早在 2009 年就撰文提出："未来的趋势是明晰的，使用胜过拥有。使用比拥有更好。"之所以房屋、汽车、自行车、充电宝可以被共享，是因为这些产品借助一个移动应用平台被管理起来，每一个产品何时何地被谁使用、如何使用都被准确地跟踪和统计。

我们说共享经济是趋势，这里有不言自明的逻辑。当一个产品可以不用购买就能方便地使用时，这个产品的销售必然变得更难：当自行车可以共享，买自行车的人就会减少，生产自行车的公司就会面临压力。无论你是生产什么产品的，如果有一天出现了共享使用模式，而且非常便捷好用又低成本，你的竞争方式就变了。以前可能是想办法满足消费者的需求，把产品卖到消费者手中；现在就要考虑满足共享租赁平台的需求，想办法把产品卖给平台，新的竞争环境必然会让一批公司倒闭，整个行业被重新洗牌。

可能你会觉得自己的产品并不适合共享经济模式，不会面临这种颠覆，但是请换个角度思考问题。商业竞争中的不断创新往往不是在一个产品上的线性延伸，而是对消费者需求满足方式的创新，像诺基亚公司这样的功能手机巨头本来是无可撼动的存在，但是当苹果公司拿出智能手机时，诺基亚公司就瞬间崩塌了。我们以为手机就是用来打电话的，打电话这事诺基亚公司就是老大，结果苹果公司发明了一个像电话一样可以上网的新玩意，顺便也提供了打电话的功能，消费者在选择移动上网工具的时候顺便也就把打电话的工具换掉了。

所以，在不断变化的商业世界里，没人能保证你的产品功能不会被某个新物种捎带着取代，就像《三体》小说中描述的那样——"我消灭你，与你无关。"一个比较典型的现象就是这几年小米生态的快速扩张，正在把各种传统产品以智能化的方式重新制造一次，每一款新品上市都是对传统产品的颠覆式再造。

　　基于"使用比拥有更好"的基本逻辑，区块链为我们实现共享经济提供了绝佳的技术保障。今天的共享可能更多的是一个中心化组织以分时租赁的形式提供，这实际上是将产品的权利做了拆分。比如共享汽车，车子的所有权归属平台公司，车子的使用权被切分成公里数搬到平台上，用户每次使用车辆是一种租赁行为，获得阶段性使用权，这种使用权与所有权分离的方式构成了共享经济。同时平台背后可能还有一个资本方提供了资金支持，这个资本方实际上是车辆分时租赁的收益权所有者，问题是这种收益权目前只能靠对平台的股权方式体现。在平台运营过程中通常需要城市服务商提供本地化支持，这些城市服务商一般都是持牌的汽车租赁公司，这种服务在经济关系上属于经营者角色，这就意味着车辆的租赁经营权也被拆分出来。经过一番操作，一辆共享汽车被拆分出所有权、经营权、收益权、使用权、租赁权，要完成这多种权利拆分并确保每一种权利的确权和转移可实时实现，是非常不容易的。但是如果将产品上链，这些问题都可以迎刃而解。

　　一旦产品上链，就意味着我们在链上可以拥有代表不同权利的数字化标识，也就是通证。当产品权利被通证化，这些权利的拆分、转让和流通就变得更简单。比如收益权原本只能以公司股权的方式持有，有了通证化的收益权，一个普通投资者可以单独拥有一辆车的部分或全部收益权，也可以同时拥有不同地区不同车辆的部分或全部收益权。所有权利都可以直接指向车辆本身，并能够被拆分和转让流通。

　　产品上链会让产品共享的门槛大幅降低。以往我们认为做不到的共享产品，可以通过上链变得更简单、更容易。比如基于智能门锁建立一个生态公链，可以实现各类品牌智能门锁上链，任何人购买一款智能门锁安装到房间中，就实现了房屋上链，那么通过门锁使用权转让你就能提供房屋共享，这不需要任何专业平台提供中介服务。我们把房屋换成仓库、车库、智能按摩房、智能浴室等，各种场景的共享服务都可迎刃而解，附着其上的收益权、所有权、租赁权等各种权利也都能简单确权和拆分，而且通过区块链管理的权利更安全、更可信。

对于传统企业来讲，产品的可共享性将成为未来的创新方向，而要实现可共享性，就必须进行区块链升级改造。

第五章 ｜ 数 权

5.1 数据是新的生产要素

十九大报告曾经提出，经济体制改革必须以完善产权制度和要素市场化配置为重点。十九届四中全会也提出，推进要素市场制度建设，实现要素价格市场决定、流动自主有序、配置高效公平。2020年3月30日《中共中央国务院关于构建更加完善的要素市场化配置体制机制的意见》出台，首次把数据要素单列出来提出具体指导方针，这种做法在全世界都是领先的经济策略。该意见指出数据要素在生产中，特别是在现代服务业当中，起到关键作用。当前要重点解决数据流动中的具体问题，如怎样打通政府数据和民间数据之间的互通渠道，怎样形成数据交易市场，怎样保护数据安全等。数据作为一个独立要素，对我们的财务制度和股票分析是巨大挑战。数字本身应该怎么评估，作为一个独立要素值多少钱，这一系列问题都是需要我们认真研究和解决的。

《人民日报》2019年4月8日第18版标题为《个人数据使用，期待更规范》文章写道："数据拥有价值，个人信息也是一种财产权益。信息价值如何合理体现、正确运用，关键是要建立'谁拥有、谁受益；谁使用、谁付费'的合理机制"这篇文章发表在区块链行业比较低迷的时期，对区块链的价值和现实意义做了正面阐述，也为区块链从业者增强了很多信心。文中提到信息价值"谁拥有、谁受益"，相比之下我们认为用"谁创造，谁受益"应该更贴切一些。

打开你的手机看一看，每一个 App 应用背后都是一个数据收集平台，我们的每一个动作都被记录下来，成为这些平台的数据。而数据就是互联网公司的生产资料，他们用数据为我们制造产品和服务赚取利润，这个结果是数据被用户创造、被平台拥有、让平台受益。而区块链的作用就是要实现"数据被用户创造、被用户拥有、让用户受益"。

我们都把互联网公司称为轻资产公司，因为他们没有厂房设备和实物原料作为生产资料，而是靠用户和数据加上算法来生产和创造价值。以蚂蚁金服为例，其金融业务都靠算法实现，用户的每一次购物、打车、吃饭、娱乐所产生的消费数据、行为数据和信用数据都在不断喂养系统中的风控模型，使其不断进化、不断降低贷款发生风险的可能性。每发放一笔贷款就会增加一条算法有效性反馈数据，算法的精准度就会得到进一步提高，然后又可以使下一笔贷款的风险度继续降低。

截至 2019 年末，蚂蚁金服估值已超过 1 万亿人民币，服务用户已达 12 亿人，是全球最大的独角兽公司、最大的科技金融公司，也是一家数据驱动型公司。如果说 12 亿个用户是蚂蚁金服 1 万亿元人民币估值的决定性因素之一，相信你不会反对。这就意味着每个用户所创造的价值可以约等于 800 元人民币，但是因为没办法对数据进行准确的确权，所以蚂蚁金服就可以暂时拥有数据使用权，并获取数据价值。

这种情况在所有互联网公司中都存在，无论是腾讯还是阿里巴巴，这些互联网公司在没有人站出来发起数据确权革命之前，是不会主动放弃现有既得利益的，更何况一旦数据被确权给用户，就意味着传统互联网公司的赚钱神话将被打破，数据使用的成本支出将磨平超额利润。

2015 年，马云在世界互联网大会上首次提出 DT 时代，也就是数据时代已经到来。2020 年 1 月，英特尔召开 Ces 2020 英特尔新闻发布会。发布会上，英特尔公司首席执行官司睿博（Bob Swan）解读了全球数据量的惊人增长，2015 年以来全球数据量每年增长 25%，到 2025 年，全球数据量估计达到 175ZB（约合 1.6 万亿 GB），相当于 65 亿年时长的高清视频内容。

可以肯定数据是越用越多的新资源，数据的增长速度是指数级的，如果数据是未来的主要生产资料，那么数据一旦被确权，就可以成为数字资产，就可以被定价和交易，就会在现有的 GDP 总量之外，再增添一个更大的经济规模，这个新增加的数据经济规模，必然会远远大于现实世界的经济规模。

5.2　数据面前人人平等

现实世界的主要生产资料是化石能源和矿物质，谁拥有石油谁就拥有财富，但是在数据时代谁拥有数据谁才是王者。从亚马逊到奈飞、从苹果到蚂蚁金服，他们都是当今的数据大鳄，但是，本质上我们每个人都是数据生产资料的创造者和拥有者。现实世界的资源竞争可能要靠运气、靠人与人之间的差异，但是在数字世界中，创造数据的能力是人人平等的，我们在使用互联网和智能硬件时所产生的数据，都应该毫无争议地属于我们自己。

可是问题在于现实世界的生产资料是有形的，是可以明确产权的，而数字世界的数据却是无形的、可复制的。所以谁能解决数据确权问题，谁就能打开数据价值之门。为我们给出数据确权解决方案的就是区块链技术。区块链通过比特币向我们证明了数据是可以被确权的，是可以具备唯一性、排他性属性的资产，是可以被拥有的。事实上与比特币类似的很多数字资产也被越来越多的人认可为资产，尽管这些资产仅在其共识边界内有效，还不能成为具有广泛共识的数字资产。但是这些先驱者为我们验证了区块链技术对数据确权的有效性，接下来是要将区块链技术广泛应用到具备真实价值的数据资产确权场景中。显而易见，当我们需要为自己的数据隐私和价值主张权利的时候，区块链就是唯一可以为我们赋能的解决方案。区块链正在为我们创造一个数据面前人人平等的世界。

5.3　数据确权

我们每天使用各种各样的应用软件来满足需求，在这个满足自己需求的过程中通常会附带产生数据，这些数据如果通过区块链确权给我们，我们就有机会将数据变成财富。这就是数据确权的过程，我们也可以把它称作自我赋能，也就是自己为自己赋能，只不过这个动作需要一个组织者通过建立一套基础设施服务体系来实现。

当然，数据虽然有确权的必要，但也不是盲目确权。有些数据与我们所要获得的服务是密不可分的，比如地图软件如果得不到我们的定位信息就没办法为我们提供路线服务，但是如果软件还把我们的定位信息共享给了其他平台或用来提供与我们出行无关的服务，那就应该征得我们允许。

我们要为数据确权，首先需要能够获取数据的工具和场景。这个场景通常包括数据制造者、数据转换硬件和数据处理系统。数据制造者就是我们自己；数据转换硬件是将行为转换成数据的关键环节，手机就是我们每天使用的最重要的数据转换硬件。我们的定位信息、身份信息、购物信息、软件使用时间、阅读喜好等都是通过手机被转换成数据收集到各个平台系统的。

除了手机，还有一个更大的选择空间，就是物联网硬件。今天万物互联已经成为共识，我们都相信未来一定是万物互联的世界，我们身边的各种硬件都可能内置芯片拥有联网能力。这除了让产品本身更智能以外，还会把我们每个人的行为信息都转换成数据传送到网络上。

在万物互联的进程中，设计一个专门用于某个场景数据转换的智能硬件，结合区块链技术将数据确权给用户，然后通过提供数据撮合服务创造新的商业价值，这可能是区块链创业的重要方式之一，也是未来分布式商业的基本形态。用区块链技术帮用户拿回数权的技术模型可以参考图 5-1 所示的方式。

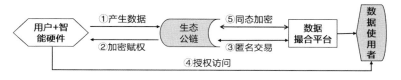

图 5-1 数据价值创造模型

这是一个将数据价值赋能给个体的通用模型，基本上只要我们找到一个能产生价值数据的场景，就可通过设计一款智能硬件负责采集数据并与数据创造者绑定，再通过区块链技术完成数据存储、记账和确权，这个针对特定智能硬件而开发的公链系统，我们称之为生态公链，最后通过一个数据撮合平台帮助用户完成数据变现，即可构成一个完整商业模式。

具体过程从用户与智能硬件绑定开始，产生的数据被记入生态公链数据库，通过生态公链系统进行加密存储，并将解密权授权给数据创造者用户，之后数据需求者通过数据撮合平台可以挑选需要的数据申请付费购买，数据撮合平台根据条件筛选数据提供购买者。在这个过程中经营者可以通过出售硬件和收取数据交易手续费的方式盈利，用户通过授权数据撮合的方式将经过脱敏或同态加密处理的数据提供给需求方，并从通证激励中获取数据收益，数据需求者会基于平台的数据整合能力而更便捷、准确且低成本地获得数据。

在这个通用模型基础上，如果要更好地实现多方利益共赢，最好的方式是引入一套通证经济模型，来解决对各方的激励机制和目标管理。

举个例子：假设每个人的日常血压数据是有价值的，那么我们可以针对这个血压数据价值流通场景，开发一条生态公链，其中数据转换硬件就是智能血压仪，这条生态公链为市面上已经上市的各种智能血压仪提供数据导入接口，从而让每个硬件使用者通过身份与硬件绑定将自己的血压数据上链（见图5-2）。

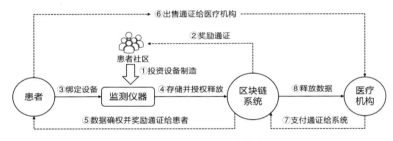

图5-2 血压数据价值创造模型

以这种方式上链的数据在链上数据库中加密存储，并发给用户唯一授权私钥。公链系统通过识别用户私钥，驱动智能合约执行数据使用。当有数据使用者提出数据使用请求时，可以在生态公链开发者运营的"数据撮合服务平台"进行数据交易。

当一条血压数据生态公链上线时，智能血压仪的生产商都要面临是否加入生态公链的选择。如果加入就必须放弃对用户数据的收集，转而以付费方式向用户购买数据；如果不加入公链，就会面临其他加入公链硬件厂商的竞争。用户一定会选择可以上链的硬件，而放弃不能上链的硬件，因为上链的硬件不但数据隐私得到保护，还能卖数据赚钱，这就是区块链对传统商业模式的颠覆。

对硬件厂商来说，加入生态公链会让自己的产品能够为用户创造越来越多的数据价值，进而获得用户的忠诚度，新的竞争方式应该是通过产品功能的改善和提供更多附加服务来获取增值收益。

那么这条生态公链由谁来做呢？我们知道生态公链是去中心化的，没有中心化组织控制，这样一条血压数据生态公链最好的发起人是患者（用户）社区。只有依靠社区打造的公链才会得到有效共识，才会被所有硬件厂商和用户接受为可信生态公链。那如果是一家智能血压仪生产商发起可不可以呢？当然也可以。在这种情况下，因为有了资金来源，可能会更快地落地，但是会出现两个问题：一是自行承担开发和运营成本，存在一定投资风险；二是系统需要足够多的同行参与共同使用这条生态公链才会发挥价值，作为竞争对手恐怕难以说服同行相信自己建设的是一个公平可信的系统。而如果是消费者社区发起的，则会更容易取得信任。

5.4　什么是有价值的数据

众所周知，人类每天创造的数据量越来越多，如果再加上物联网和人工智能设备数据，那就更不可想象了。但是这么多数据都有被确权和定价交易的可能吗？显然不是。所以我们需要知道什么数据是有价值的数据，这些有价值的数据掌握在谁的手里，作为普通创业者该如何找到这些数据。

在我们所处的环境中，最大的数据拥有者是政府包括政府管理下的央企和国企，比如能源消耗数据，国家电网有限公司、中国石油、中国石化，等等。这些企业掌握着用电和汽油消耗数据，这些数据可以直接反映企业经营状况，甚至是国家和地区的经济现状。如果这些数据能够有条件地向社会开放，必然诞生出一大批创新创业企业，比如对企业经营状况进行监测的风险管理服务，这对金融信贷和风险投资都是非常重要的数据。

再如企业的纳税数据，目前已经被某些银行拿来做贷款工具，基于企业纳税情况进行自动化授信服务；工商注册和司法诉讼数据，已经被一些商业公司用来做背景调查服务，获取了巨大的商业利益；居民医疗健康数据，大部分都掌握在公立医院的系统中，商业机构只能从民营医院和体检机构获得一部分边缘数据，经过加工处理提供健康辅助服务；还有中国人民银行的征信系统数据、银联网络的银行卡交易数据，三大电信运营商的通信数据，虽然已经通过《中华人民共和国网络安全法》进行了严格保护，但还是有不法分子在钻空子窃取用户隐私数据。

这些掌握在政府体系中的数据非常重要，也非常有价值，但是在数据安全和商业利用的选择中，只能选择数据安全。问题在于如果数据安全的保护方式是靠权力的话，就无法避免寻租行为。在区块链技术已经相对成熟的今天，我们在数据安全和数据商用之间已经不再面临顾此失彼的尴尬，完全可以把数据确权给数据创造者，让数据安全地流通起来，为全社会创新创业提供生产要素，推动社会的进步。

　　除了政府管控数据的价值挖掘，民间数据的价值挖掘也还远远没有被充分实现。前面我们讨论过数据主要来源是通过人与智能硬件的结合，这其中最重要的智能硬件是手机。基于手机的数据采集已经非常成熟而且趋于垄断，要做的是逐步以数据确权的方式重新分配数据所有权，颠覆原有的服务方式。这个过程会非常难，我们几乎不可能以去中心化电商取代中心化的淘宝、以去中心化社交取代中心化的微信等等。因为这不是简单技术提升就可以颠覆的，强大的"网络效应"把用户牢牢绑在原有平台上，颠覆者只能靠抢夺用户时间的方式去颠覆旧的巨头，而不是替代巨头的服务。

　　未来收集个人、企业数据的最佳途径一定是基于智能硬件的创新，针对存在数据价值的场景开发智能硬件，结合区块链技术将数据确权给数据创造者，这是数据创业的重要方向。这其中我们最看好的数据采集场景分别是车联网、医疗健康（家庭康养类）、交易信用、数字场景（智能生产、智能仓储、智能商业）、共享设施开发、资产数字化、无形资产通证化。

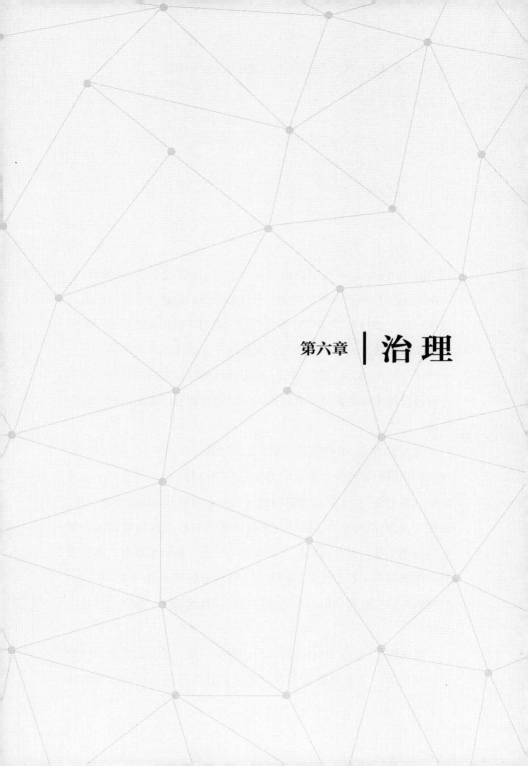

第六章 ｜ 治 理

治理（governance），概念源自古典拉丁文或古希腊语"引领导航"（steering）一词，原意是控制、引导和操纵，指的是在特定范围内行使权威。1995 年全球治理委员会对"治理"做出如下界定：治理是或公或私的个人和机构经营管理相同事务的诸多方式的总和。与统治、管制不同，治理指的是一种由共同的目标支持的活动，这些管理活动的主体未必是政府，也不一定非得依靠国家的强制力量来实现。

进入 20 世纪 90 年代后，随着志愿团体、慈善组织、社区组织、民间互助组织等社会自治组织力量的不断壮大，他们对公共生活的影响日益重要，关于治理的机制设计和监督等现实问题越来越突出。这些非政府组织通常没有对内部规则进行有效监督和确保高效执行的治理工具。但是他们也在管理着一些特定的公共事务，更有效的治理机制和工具不仅是不断出现的非政府组织所迫切需要的，也是政府组织应对社会组织形态去中心化、自组织化、数字化的必然选择。

区块链在制造去中心化网络的过程中，建立了非常有效的治理机制和工具，这就是在数字世界制造信任工具的机制。既然区块链是数字世界制造信任的机器，在数字世界中充当政府和法律的角色，那么在数字世界中政府也需要拥有与现实世界一样的国家边界，能够有效行使治理职能，这是一个"数字世界国家化"的命题。

那么如果政府想要将数字世界国家化，就必须成为在数字世界中制造信任工具的机器，但是基于数字世界的特殊性，在区块链诞生之前没有一种技术可以为数据确权，为数据定义资产属性，更不能将数据打造成信任工具。

区块链技术的出现证明数字世界国家化是可能的。区块链创造了如比特币、以太坊这样超越国界的基于某种共识的无边界社区，社区完全依赖代码而非任何人类组织或个体作为可信第三方，社区有自己的货币，社区成员拥有自己的资产，还可以通过付出时间、智慧、注意力或现实世界的资产来获得数字世界的财富和权力。社区成员来自不同国家、种族、职业，有不同的宗教信仰，他们正在将现实世界中的财富、关系、信仰、情感、欲望和生活方式一点点迁移到那个数字世界中，这是一个从现实世界分解填充到数字世界重塑完形的过程。

政府要做的应该是尽快使用区块链技术打造信任工具和基础设施，构建数字世界的国家机器。我们认为需要尽快制造的信任工具是国有资产证明、私有财产证明和身份证明，也就是三条国家基础链。在一个政府完成三大基础链建设之后，在此之上就可充分发挥社会力量将区块链技术全面应用到各行各业当中。

6.1 国有资产基础链

国有资产基础链的核心是土地、河流等国有资源的数字化。在我们国家有国有、集体和私有三种财产所有制形式，以国有土地为核心的国有资产应该首先上链，这几乎是所有企业、个人都会涉及的财富源头。当每一寸土地都有数字身份相对应，国家在进行资源分配时就可以更加高效地实施和管理，国有资产通证将成为一切不动产、动产的基础。大到企业厂房、个人住房，小到一支铅笔都可以追溯到相应的国有资产通证，由此我们识别一个资产的合法性会变得非常简单。除了国有土地，还有归属国家的自然资源、受国家管控的特许经营权、政府建设的公共基础设施，等等，都属于国有资产，都应该进行链上管理。

国有资产上链首先获益的是政府职能部门。我们不再需要庞大的政府职能机构，各类产权登记服务机关将可削减，区块链负责所有确权和登记工作，有关财产的交易、转让、分割、抵押、质押等都会更简单快捷地实现，且不会有任何纠纷和异议。

没有人的干预也自然会杜绝渎职、贪污、受贿、滥用职权等道德风险和违法行为发生，这显然会降低治理成本。没有了那么多治理成本，税收比例也可以大幅削减，从而促进经济的更好更快发展。从发展角度观察，这是国家政府的进化和升级——更轻的政府机构、更强的职能管控。

6.2 私有财产基础链

私有财产基础链，其核心是货币数字化。货币是一个国家经济活动不可或缺的关键要素，也是国家的象征物，每一种货币都代表一个国家，没有专属货币的国家是不可想象的，如果我们要在数字世界制造一个国家边界，专属货币是最重要的边界之一。值得高兴的是，我们国家的数字货币 DC/EP 就要上市了。我们认为货币上链将会带来四大好处。

第一，支付效率大幅提升。数字货币和现金一样，不需要账户管理，可直接点对点支付，并且比现金交易更快、更方便；在交易过程中因为不存在假币，也免去识别真伪的动作和担心。

第二，保障财产安全。对于现金的保管，无论是用保险柜还是采取其他任何手段都不可避免地存在风险，而数字货币通过手机管理，充分利用手机的安全手段，让安全性大大提高。另外，我们存在支付宝、微信甚至银行的钱，理论上都存在损失风险。而中国央行数字货币是以中国人民银行为最后贷款人的货币，就算商业银行或公司都倒闭了，我们手里的数字货币仍然存在，仍然可以当作现金来使用，这显然是最安全的财产持有方式。

第三，降低管理成本。现金纸币除了制作成本高昂，还涉及一个庞大的产业生态，包括设计、印刷生产、专业押运、现场安保、点钞设备、验钞设备、自助设备、金库设施、银行柜员、企业出纳，等等，这是一条庞大的产业链。一旦数字货币成为主流，这条产业链上的所有公司和个体都会受到冲击，但是对整个货币管理来讲是总体成本的大幅降低。

第四，消灭非法所得。现金纸币有个很重要特性就是匿名性，钱在谁手里就是谁的，这是为了提高交易效率而必须放开的自由度，我们不能每一分钱的交易都通过银行记账来实现。但是这种匿名性让很多非法所得有了可乘之机，无论是黑市交易还是行贿受贿，都会以现金为主要工具，我们都听过贪官污吏在家里藏匿大量现金的故事。

如果数字货币发行使用逐步成熟，总有一天会完全替代现金纸币。在这个过程中贪污受贿和非法交易所得可能没有机会兑换成数字货币，一旦兑换就会出现巨额财产来源不明问题，毕竟这种兑换是要通过银行进行的。而且数字货币尽管也有匿名性，但终究是数字化系统，在必要的额度和场景提供可追溯是基本功能。所以数字货币普及后，经济犯罪必将得到有效抑制，反洗钱目标也更容易实现。

6.3　身份基础链

身份基础链，也就是法人和自然人身份的数字化。公民身份同样是国家边界的重要组成部分，要在数字世界划定新的国家边界，让每一个本国公民都拥有一个数字世界中唯一的公民数字身份是必须做到的。打造一个身份公链为每个公民提供姓名、血型、出生地甚至基因等基本信息的链上加密存储，国家可以规定哪些应用平台必须使用身份基础链，比如医疗、金融；哪些应用平台可以选择使用，比如游戏、电商、餐饮等，公民身份上链可以带来很多好处。

第一，行为可追溯。如今我们在社会生活中的各种行为都已经被摄像头、定位系统、大数据平台所采集，并大量掌握在政府监管机构和数据平台手中。这种管理和使用趋势一定是不可阻挡的，需要解决的问题是隐私保护和数据非法使用。事实上，已经发生过很多次公民数据被非法贩卖的事件，这让我们担心随着数据的趋向完善甚至闭环，未来的数据泄露和滥用有可能导致不可挽回的损失和风险。

所以将身份信息交给区块链管理是一种必然选择。只有用区块链技术做身份基本信息管理才能从根本上杜绝信息泄露和侵害公民利益行为的发生。在区块链安全管理下的公民数据何时何地、何人使用、如何使用都将受到权限控制，同时被记录在链上。只有这样，我们的身份数据才能在获得隐私保护的同时又不会影响数据的合理、合法使用。

第二，个体可以脱离第三方进行自我证明。身份上链让一个人的存在变得更真实。生活中我们会遇到很多陌生人，对于他们的背景和真实信息，我们无法求证，于是让很多骗子有可乘之机。事实上，就连我们自己也没办法证明自己的过往，除了自己说出来没有其他可以证明的东西，这让很多交易无法达成或者交易成本很高。

如果有身份上链作为基础，我们可以选择哪些行为哪些事与身份关联。由于我们拥有自己身份信息管理权，所以我们可以在必要的时候开放过往信息用来证明我们所说非虚，这就让很多因为信任问题而无法达成的交易、合作可以达成，让人与人之间可以直接产生互信，而不需要求助第三方机构和工具，这将是人类发展的一次重大进步。当然，如果你有劣迹或不良记录也会在程序控制下无所遁形，要么诚实以待，要么主动放弃，别想欺骗任何人。

第三，常态化共识。民主化社会一直是人们所向往的，每个人都觉得自己有知情权、参与权，但是在不同社会制度下民主的实现方式有所不同。人们通常不能选择表达意愿的方式，这既是制度约束，也是技术约束。当面对庞大人群时，想要知道每个人的真实想法是一件非常困难的事，所以就会有各种各样的决策机制。一方面可以提高决策效率，另一方面也能让当权者拥有掌控结论的工具。

区块链从一诞生就蕴含着强大的民主气息。作为一个去中心化系统，共识机制是必不可少的条件，只有参与者一致认可代码规则并自愿参与执行，才能确保一个区块链系统能够有效运转和持续下去。而基于这种共识所赋能的身份基础链，也必然是一个可以制造共识的完美工具。

有了身份基础链，大到国家政策制定，小到社区民意调查，各种各样的民意收集和达成共识都可以通过链上投票方式方便快捷地实现，任何人投没投票、投的什么票都是有据可查、无法抵赖的。达成共识不再是耗时费力的事情，而是会成为日常衣食住行的常态组成部分，很多没有规则的事务和疑问，我们都可以随时随地启用共识机制完成决策。

第四，制度刚性控制。政府和企业组织治理中制定法律、法规、政策、规章、制度、守则都是必不可少的环节。然而规则越多，发现违规者、惩治违规者的成本就会越高。而且我们总是要在违规、违法之后才能出手惩治，这是不可逆的流程，但是我们真正的目的是不要有人违规、违法，是能够防患于未然。

身份上链恰恰可以为我们提供防患于未然的解决方案。身份上链作为基础链可以与上层应用相连接。当一个应用涉及针对特定身份的规则约束时，这种规则可以直接将用户拦截，避免用户触犯规则，比如对未成年人使用应用软件的管理。同样，在任何操作流程中，只要有规则指向身份条件或与过往行为相关的限制条件，都可以通过智能合约编程进行拦截，从而实现对违规、违法行为的刚性控制。

这虽然不能解决刑事犯罪的问题，但在数字世界领域完全可以做到主动覆盖，剩下的就是将越来越多的线下行为数字化，迁移到线上执行并实现刚性控制。

6.4 链上的数字国家

我们用区块链给出了土地的边界、财产的边界、人的边界，我们就有了数字世界的国家边界，一个链上的数字政府形态就会形成。数字政府由三大基础设施构成，即土地链、货币链、身份链，三条链对应三个通证账本，国有资产通证、私有财产通证、身份通证（见图 6–1 ）。

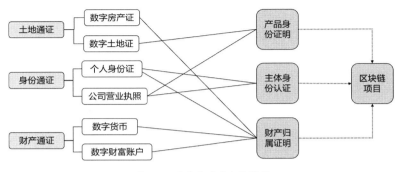

图6-1 数字化政府上链模型

基于土地、财产、身份产生的通证都是锚定资产或人的数字化标识，这与各种数字货币交易所中流通的数字货币完全不同。我们设想，基于国有资产通证可以建立数字化的房产证、土地证；基于身份通证可以建立数字化身份证、公司（组织机构）营业执照；基于私有财产通证可以建立数字货币、数字财富账户。这六种数字凭证就是我们经济生活中必不可少的六个信任工具。有了信任工具，就可以在交易中提供产品身份证明、主体身份证明和财产归属证明，有了这些我们就能完成绝大多数的社会经济活动。

如果属于国家的基础设施有了，在此之上我们就可以完成各自的区块链应用创新，只要与这三条基础链建立连接的就是归属于这个国家的经济活动。如果你不用，你就不会得到交易对手的认可，因为交易合法性依赖三条基础链构成的国家边界。

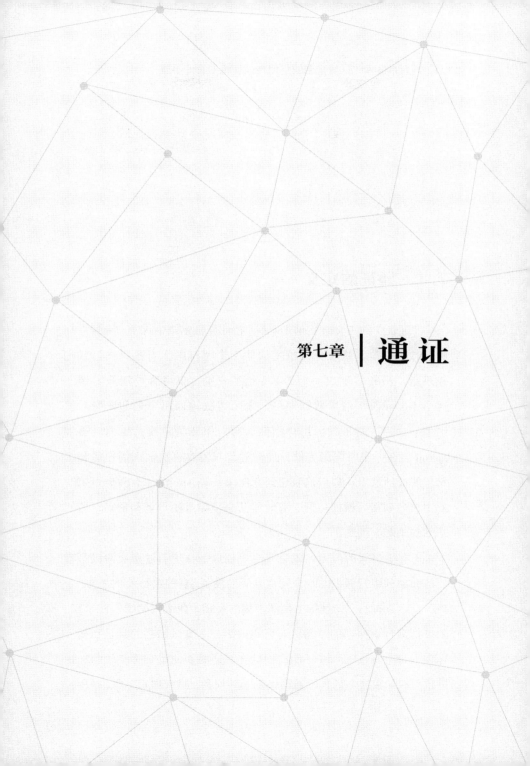

第七章 ｜ 通 证

7.1 通证的定义

"通证"的英文表述是 Token，在计算机术语中代表"令牌"。所谓"令牌"，是服务器端生成的一个字符串，当客户端第一次登录后，服务器生成一个 Token 给客户端，以后客户端只需带上这个 Token 前来请求数据即可，无须再次输入用户名和密码。使用 Token 的目的是减少用户频繁访问对服务器造成的压力。通常 Token 会在一定时间内失效，届时客户端需要再次输入用户名和密码。解释到这里，你应该联想到在使用某些 App 时，有时候不用输入用户名和密码就能打开，有时候又必须输入用户名和密码，那就是你的 Token 到期了。

还有更高级的应用，就是充当授权口令。使用过企业网银系统的都会拿到银行颁发的一个叫作 U 盾的设备，有的银行就称之为"令牌"。你持有的"令牌"中存储着你的私钥，代表你的唯一控制权。如果把银行端保存的密码称为公钥的话，令牌里储存的就是私钥。你在屏幕上输入密码并不能将钱转走，还必须使用令牌提供的私钥进行授权。在这个场景中通证代表一种权利，授权银行转账的权利。

实际上"令牌"作为加密解密环节的解决方案早已经被广泛应用了，但是直到区块链诞生，"令牌"的意义才被重新定义，我们称之为"通证"。

因为数字货币的一些负面影响，导致很多人谈币色变，并且把通证等同于数字货币。这未免有失公允，也阻碍了通证的真实价值应用。要正确使用通证，我们必须清楚通证的本质到底是什么。

从过往数字货币的发展情况来看，大多数反对数字货币的国家，其反对理由主要来自两方面：一是将数字货币界定为一种产品，所以禁止数字货币以类证券的形式发行、交易和使用；二是将数字货币界定为证券，所以必须在证券法规监管下发行、交易和使用。然而各国政府在数字货币的定义上存在很大分歧，主要原因还是数字货币具有复杂的可变通性，从比特币、以太币到泰达币，再到2019年炒得火热的Libra，以及中国央行数字货币DC/EP，还有各种山寨币、空气币、传销币。

其实数字货币只是通证的一种使用形式。通证本身可以说没有任何意义，其意义来自所代表的信息，所以我们要想让通证有价值，只有两种办法：一种是制造某种共识，让一部分人相信它有价值；另一种就是让通证代表某种资产或者权利。所以我们说通证只是一种加密标识，其意义取决于所承载的信息。

在区块链账本中记录的数字信息，都可以用通证来表示其唯一性，并授予一个特定地址作为身份，持有通证就意味着持有通证所标识的数字信息。这个数字信息可以是任何内涵，只要我们能把这种内涵数字化，比如比特币的内涵就是电子现金，而一件产品如果被数字化后也可以表达为一个通证，比如一辆智能汽车，必须拥有进入系统和驾驶系统的权限才能使用它，这个权限即可表现为汽车的使用权通证。

如果要给区块链通证下个定义，它应该是用区块链技术将某种数据信息确权时产生的标识。这种标识具有唯一性、排他性特征。如果标识所代表的内涵具备资产属性，我们就可以称这个通证为加密数字资产。

7.2 通证的分类

我们已经了解到通证是一种加密的数字化信息标识，那么基于通证的标识属性，我们根据是否锚定资产把通证分为两类，即"不锚定资产的通证"和"锚定资产的通证"（见图 7-1）。

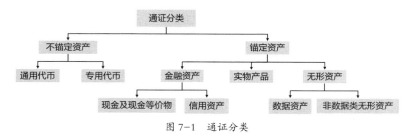

图 7-1 通证分类

7.2.1 不锚定资产的通证

如果一种通证在产出时并不依据任何已存在的资产，我们就可以称其为不锚定资产的通证，典型代表就是比特币。对于不锚定资产我们还需要根据使用范围做进一步分类，这样才能更客观地识别和使用它们。像比特币这种不锚定资产也不限定使用范围的，可以归为一类，叫作通用代币，意思是可在任何场景下使用，只要使用者和接受者都相信。与之相对应的是有确定使用范围的，也可以归为一类，叫作专用代币。

这类不锚定资产通证产出时没有价值依据，所以通常以总量固定的形式产出，依靠数量通缩、参与者共识和后置权利来发现价值。

所谓数量通缩，是指代币发行总量固定，依靠产出越来越少或在过程中逐步销毁形成通缩机制。在通缩背景下流通，可使用的代币数量会越来越少，这种供不应求导致持有代币的价值越来越高。

所谓参与者共识，是指有一群人共同相信这个代币通证可以充当支付工具，或者是拥有某种价值的。

所谓后置权利，是指在这个代币系统上线运行后需要使用这个系统发行的代币参与系统管理和场景应用，这个使用场景与人们的真实需求相关。比如系统使用权、资产上链权、收益权等。后置权利一旦有效激活，则可以为代币通证定义出真实价值。

◎ 通用代币

通用代币是以全球通用为目标，不锚定任何资产。目前在全球无数个数字货币交易所中挂牌交易的，绝大多数都是这种通用代币，也就是我们大众所熟知的数字货币，以比特币、以太币、莱特币、比特现金等为典型代表。比特币作为第一个通用代币，一诞生就肩负着世界货币的使命，无数拥趸者对比特币的信仰，除了惊叹其技术创新性和理念先进性，其实更多的是相信比特币会成为那个真正的世界通用货币。

今天世界各国使用的货币基本都是基于政府信用发行的，这种法定货币有两个特点：一是价值稳定，二是使用价值低。价值稳定是因为政府在每张纸币上事先确定了面值，这个面值是恒定不变的，只是购买力随着物价波动而波动，通常这种波动是非常微弱的，所以在一个相对较长时间内，法定货币的价值是稳定的。法定货币不具备使用价值，是因为货币是用来做支付工具的，如果货币具有使用价值，比如直接用货币来吃、穿、用，那就不会有人使用货币来购买产品了。这也是金银等具备一定使用价值的"货币"逐渐被纸币替代的原因。金融学把这个现象叫作劣币驱逐良币，指的就是使用价值低的货币会取代使用价值高的货币。

货币因为价值稳定所以能实现"贮藏手段、流通手段、价值尺度"的职能。以我们对比特币、以太坊的观察，这些数字货币价值极不稳定，根本无法承担货币三大职能的任何一个，如果用来做贮藏手段，今天比特币价格相比最高点已经跌去 60% 左右，持有比特币的人应该绝大部分处于亏损状态，相比法定货币和黄金的贮藏功能，比特币实在是差强人意。如果我们用比特币来充当流通手段（支付工具），那么在交易的一瞬间其票面价值可能就会发生变化，这就好像我们手里拿着一张面值随机变换的纸币去买东西，买卖双方只能以一个大概的价格成交，永远没有确定的收入和利润可以计算，晚上结账时还是赚钱的，早上一醒来可能就变成亏损了。当然也会有升值的可能，这恰恰说明了数字货币不是货币，持有数字货币本质上是一种投资行为，其价值不是固定的票面价值，而是被二级市场供求关系影响的产品价格，这样看来数字货币是一种投资品或者说是一种数字资产。

我们不能想象一个人投资的方式是持有货币，所以如果说比特币是一种货币，那就不应该具有投资属性；如果说比特币是一种投资品，就不可能是一种货币。那为什么还有人愿意把比特币、以太币这些数字货币当作支付工具呢？道理很简单，接受数字货币作为支付工具的人，是期望数字货币的价格可以持续上涨，如果他判断会下跌，就一定不会接受数字货币。其实自从泰达币（USDT）上市后，数字货币支付场景已经出现变化，现在很少有人还用比特币和以太币做支付工具。泰达币锚定美元发行，每存入一美元才能发行一个泰达币，所以泰达币被称为稳定币，于是加密数字货币多了一个新种类。有了稳定币，那些不稳定的数字货币就逐渐退出支付领域。没了支付功能，那还剩什么呢？

我们论证比特币不是货币，核心是比特币价值不稳定，这背离了货币的特点之一，但是比特币却具备货币的另一种特点，就是使用价值低。因为比特币只是一种虚拟信息，不能被用在人们衣食住行的任何方面，所以既然没有使用价值，也不能算是某种产品，我们只能把它定义为虚拟投资品。搞清楚比特币，其他所有跟比特币一样属性的通用代币是什么也就一目了然了。

花这么大篇幅讲比特币的本质，是为了让大家擦亮眼睛，客观看待数字货币。当然本书的观点未必准确，限于认知遮蔽性，仅能得到一点鼠目寸光的见识。我们说比特币只是虚拟投资品，并不是否定比特币，而是要提醒读者，如果你认可各种各样的数字货币（通用代币）都是虚拟投资品，价格由供需关系决定，那就不要因为某个数字货币的技术如何领先、如何颠覆世界而冲动。这些通用代币在经过混乱竞争后，最终会保留下来一部分：一种是基于所在公链的发展找到落地场景，转变为专用代币，比如以太币；另一种是基于足够强大的共识基础，被一些共识生态场景所接受，这个还没有看到案例。

◎ 专用代币

专用代币是专门用于某些场景，有确定使用范围的代币。专用代币也不锚定资产，但是因为有明确的使用场景和范围，所以不需要依赖交易所定价和流通。而通用代币必须依赖交易所定价且只能在交易所或电子钱包中流通。

专用代币既可以由"生态公链"创造出来，也可以通过第三方公链创造出来，在一个生态场景中发挥确权、定价、激励和众筹的功能。专用代币和积分类似，只在一个平台或公司管理范围内使用。二者的差别在于，专用代币发行在区块链上，发行数量、获得方式以及使用规则都通过智能合约编写上链并自动实现，所以是不会被人为干预的；传统积分由某个平台方或公司以中心化技术发行，数量、规则都可以人为修改，而且积分不具备加密属性，也不能为任何资产确权，更不能交易流通。专用代币将会成为积分的替代者，未来任何平台组织都应以专用代币的形式发行和使用积分，这会大大提升积分的可信性，也会为用户和商家带来更多机会和价值。

我们发现专用代币其实具有一定的货币属性，比如价值尺度和流通手段，前提是在一个生态场景中存在某种产品或服务是需要专用代币定价和支付的。比如，我们有一个专门存储文件的生态公链，由无数提供存储资源的节点以自愿参与的方式组成，如果我需要将一个文件保存在区块链上，这就会消耗系统资源，调动系统节点提供记账服务，我应该支付一定的费用，然而承担文件存储职能的并不是某一个特定的节点，而是全体成员。我该把钱给谁呢？要平均分配吗？显然这并不公平。因为节点参与者并非固定不变的，而是随时都在变化的，可能一个节点（某个人的设备）刚刚加入，立刻就拿到一笔收益然后就下线了。我们能说他对我的数据存储做出什么贡献了吗？显然不能。

所以直接将现金奖励给节点是不可取的，真正为我提供服务的不是某一个或全部的节点，而是由规则创造的可信系统，这套规则就是共识机制和通证模型。假设这个系统发行一种专用代币，规则要求我在存储文件时必须向系统支付一定数量专用代币，而那些提供记账存储服务的节点，将会根据系统规则以各种形式受到系统发出的专用代币奖励，比如在线时间、存储空间、带宽贡献，等等。我手里的专用代币从哪里来呢？应该从节点运营者手中获得。如何获得呢？可以采用两种方式：一是我自己也参与进去成为一个节点提供存储服务，这样我就能得到系统的奖励；二是我去购买别人手里的专用代币，价格由我和出售者自行决定。这个交易价格与系统收取的存储费和我的心理价格相关，如果系统要收我 10 个专用代币，我的存储成本心理价格是 2 元钱，那我愿意花 2 元钱去购买 10 个专用代币；如果不能成交，我就选择离开，去寻找其他存储服务。

现在整个交易结构中多了一个角色，就是区块链存储服务系统，这个系统为我们提供安全、永久的存储数据服务，而我们无法向系统支付现金，因为系统是一个数字化主体，没有自然人身份，没有银行账户。系统考虑到这一点，所以为自己和整个平台发行了一种专用代币，用一套通证模型让这个专用代币既可以激励节点为系统服务，又可以让用户购买系统的服务。所以专用代币作为系统收费的价值尺度和流通手段是成立的。

同时这个系统也实现了现实世界与区块链世界的衔接，包括货币的使用和需求的满足。这就是"IPFS 分布式存储协议"的商业化运营模式。

请思考一下，在网络交易中支付宝是不是一个数字化的角色。我们先把钱转入支付宝账户、确认收货后再通知支付宝把钱转给商家，理论上我们是不是应该向支付宝付费的，因为支付宝做的就是区块链公链的事，公链运行的成本是各个节点自愿承担的。支付宝的成本是由其身后的蚂蚁金服承担的，它没有收费是因为消费者和商家都为它提供了另外的价值，就是数据。基于这些数据，蚂蚁金服制造各种金融产品卖给我们赚其想赚的钱。如果我们不想把自己的数据无偿地让蚂蚁金服使用，蚂蚁金服就不会为我们提供免费的支付宝服务。

专用代币在未来的商业场景中将会是重要的组成部分，至少每个"生态公链"都会有一个专用代币，每个生态场景也应该有一条"生态公链"。

7.2.2　锚定资产的通证

如果一种通证在产出时与某种资产数量或价值一一对应，我们可以称之为锚定资产的通证。由于资产概念比较广泛，所以需要进行再次分类。我们可以把锚定资产的通证分为三类，分别是锚定金融资产、锚定实物产品、锚定无形资产。

◎ 锚定金融资产的通证

这类通证产出时必须锚定一种或多种金融资产，可分为"现金及现金等价物"和"信用资产"两大类。具体包括法定货币、债券、股票、应付账款、应收账款、承兑票据、信用证、仓单、提单，等等。

这类通证基于金融资产储备1:1发行，以票面价值为单位，可拆分使用，类似银行在金本位制度下基于黄金储备发行货币。锚定金融资产的通证可以随时向发行人或承兑人兑换成法定货币，所以也是一种稳定币。比如锚定美元发行的泰达币，各类供应链金融中使用的数字化票据通证，等等。

◎ 锚定实物产品的通证

这类通证是基于实物产品产出的，因为不是什么产品都可以数字化，而区块链技术必须建立在数字化基础之上，所以我们要为实物产品发行通证，就必须先解决实物产品数字化问题。

锚定实物产品的通证与产品本身一一对应，是实物产品的数字身份，持有通证即意味着持有产品的所有权、使用权、租赁权、经营权、抵押权、处置权等各种可数字化权利。锚定实物产品的通证随着产品上链被制造出来，也必须随着产品下链被同步销毁。

实物产品还可分为标准化产品和个性化产品。锚定实物产品的通证一般是不可拆分通证，又称非同质化通证（Non-Fungible Token，NFT），必须以所对应产品的最小交换单位对应流通。那些可以与实物占有分离的权利通证除外。这种通证的作用通常是产品溯源、预售（众筹）、售后托管、套期保值等场景，比如汽车、茶叶、艺术品、白酒、红酒等各类实物资产，都可以按计量单位产出可拆分通证，又称同质化通证（Fungible Token，FT）。

◎ **锚定无形资产的通证**

这类通证是以数据资产和非数据类无形资产为基础发行的。在传统财务规则中，无形资产科目内容有限，仅有商标、专利、著作权、土地使用权等几大类，这些已定义的无形资产需要考虑相关法律的可保护性，如果通证化确权后不能得到法律保护，则不能代替资产权利使用。

（1）锚定数据资产。数据资产是指各类主体在互联网上形成的数据，包括人的行为，也包括物联网设备和人工智能的行为。这类无形资产是最重要的，也是改变世界的关键资产。在今天这个数据时代，数据作为生产资料正在被很多公司用来制造产品和服务，如阿里巴巴、腾讯、百度等各类互联网公司都已经把数据的价值发挥到极致。

数据资产通证化不同于实物资产通证化，并不能直接与数据一一对应发行，而是需要先为数据创造者发行身份通证，然后将之后产生的数据锚定身份管理，具体如何为数据定价和交易，我们后面会讲到。

（2）锚定非数据类无形资产。所谓非数据类无形资产是指那些虽然没有可积累的数据信息，但仍然具有资产价值的无形资产，在数字世界里这种非数据类无形资产会不断涌现出来，它们通常是以前没有被定义的资产，随着区块链技术的出现开始逐渐被定义为资产，目前我们总结出可以资产化的非数据类无形资产包括品牌资产、时间资产、风险资产、内容资产、权利资产。接下来一定还会有更多新的非数据无形资产被发现和定义出来。

本节简单阐述了通证的几种基本类型，我们在第 8 章还会针对具体应用场景将通证产出方式与经济模型设计相结合做更具体的介绍。

7.3　通证的发行

通证发行是指依据发起人制定的分配规则由智能合约执行分配到特定持有者地址。发行范围可分为内部发行和外部发行。所谓内部发行，是指在一个有明确边界的场景中发行和使用，比如一个App平台或者一个"生态公链"场景。所谓外部发行，是指在电子钱包或数字货币交易所等开放式场景发行和流通。

所有不锚定资产的通证都需要一个发行方案，锚定无形资产特别是权利资产的通证也需要考虑发行方案的设计。我们鼓励和重点研究的是在一个产品或行业生态内产生和流通的发行方式，也就是内部发行。这种方式产生的通证无论是否锚定资产，都可以不依赖数字货币交易所或其他公开环境流通，也不需要与其他数字货币进行币币兑换，完全在系统内产生、使用和流通。

在区块链应用中发行通证是一个绕不开的话题，我们要用好区块链就必须研究用好通证的方式方法。事实上通证的发行是有其历史必然性的。为什么这么说，我们看看第一次通证发行的过程。

众所周知，第一个公开发行通证的区块链项目是以太坊，创始人维塔利克·布特林在2014年发布以太坊时还是个19岁的大学生。他是俄罗斯裔加拿大人，就读于滑铁卢大学（入学仅8个月即辍学），2014年战胜马克·扎克伯格获得世界科技奖，2016年和2018年被《财富》杂志评为"40岁以下40大影响力人物"，2018年被《福布斯》评为"30岁以下30大影响力人物"。从履历和成就上看，他不是一个街头混混或者不良少年，而是一个科技天才。

2014年年初，布特林受比特币启发开始构思一个新的去中心化系统。在基本完成技术方案后，他需要一个团队来共同完成系统的代码撰写和测试。作为一个大学生，他显然没有这个经济条件，于是策划了一个天才的融资模式，发行以太币（ETH）众筹。在 2014 年 7—8 月，通过网络和线下游说，布特林把自己想法和目标进行广泛宣传，很快得到众多拥护者的响应。他用 1337 个以太币换一个比特币，共募集了 3.1 万个比特币，按当时的价格计算约合 1870 万美元。有了这笔钱，布特林一方面可以全身心投入到开发当中，另一方面也可以雇用更多高手协作完成任务，同时也为系统运营、宣传、管理储备了足够的资金。

以太坊并不是骗局，而是一次改变世界的创新。关键在于，以太币众筹是以太坊得以成功出世的必然条件，没有资金的支持就不可能完成以太坊的技术开发和主网上线。我们知道，区块链公链系统一定是某种公共基础设施，这种基础设施是需要去中心化管理的，是没有股东和所有者存在的，也没有收入和利润可以分配，这样的话，就不会有人愿意义务建设这个基础设施和承担维护责任。但是如果这个基础设施很重要，有一部分人希望它出现，并愿意为使用它付费，这种情况下提供一个工具让未来的参与者提前拥有参与权，并可以在将来以较高的价格转让参与权获取收益，就能解决公共基础设施的早期建设资金问题，同时还能对创始人的贡献进行奖励，这就是通证发行最早的功能。

以太坊之所以能够众筹成功，除了技术上的创新性，最重要的还是比特币在 2013 年价格突破 1000 美元为数字货币点了灯，于是 2014 年的参与者对以太坊也充满想象。反观比特币的诞生，几乎是靠中本聪一己之力达成的。那个时候他不可能发起通证众筹，因为没人会相信比特币将来可以成为价值高昂的数字货币。

很明显，以太币是一个不锚定资产发行的通证，但是它内置了未来系统设施使用权，属于后置权利形式。如果系统成功运行，以太币通证就是一个有实际应用场景的通证，所以我们承认以太币通证是一种有定价功能的加密数字资产，是我们在使用以太坊基础设施服务时唯一的定价工具，也是支付工具。以太币之后很快出现大量模仿者，区块链创新迎来一次小高潮，因为大家找到了完成一个去中心化创新获得开发资金和未来收益的方法。

通证发行一般需要考虑发行数量和分配方式两个重要因素。由于通证的数字化属性和记账逻辑，通证的单位是可以按一定规则拆分的，比如比特币的最小单位是小数点后 8 位，这意味着如果比特币与美元的比价关系是 1 比 1 亿美元，1 美元可以表示为 0.00000001 个比特币，这样来看很少的通证数量也可以表达很大的价值。所以通证的发行数量并没有一个确定标准或者计算公式，发起人决定发行数量没有太多理论依据。但是如果发行的是生态公链中的专用代币，则有可能找到科学的数量计算依据。

发行通证要如何分配，实现不同目的的通证发行会有不同的分配对象，但是有两个分配对象是必不可少的：一个是开发团队，另一个是贡献者。开发团队是发起人和技术服务者，应该直接从系统获得通证奖励，贡献者通过参与系统设计的"挖矿"行为获得奖励；也就是去做机制设计者希望你做的事。

在早期的区块链项目中，通证发行几乎 100% 都是出于融资需求，是一种众筹融资工具，这使得通证发行经常被用作非法集资等非法活动的工具。尽管区块链和通证作为新技术、新概念会被坏人利用，但是我们也要客观地看待通证发行的正面作用，比如确权、定价和激励功能，这些功能也是区块链落地应用的重要手段。摒弃众筹融资属性的通证发行和通证经济模型设计也是本书最有价值的研究成果之一。

第八章 | 创 新

创新是推动社会进步的根本动力，不管是技术创新、商业创新还是金融创新。区块链显然是一次非常重要的技术创新，同时也是商业创新和金融创新。有人说区块链是千年一遇的机会，虽然略显夸张，但也不算过分。就以本书论述的观点来看，区块链是第一次通过技术整合创造的新技术形式，而且这种整合是开放的，并且需要引入共识机制等机制设计的技术创新；再看区块链通证是拥有金融属性的数字资产甚至是数值货币（比如稳定币）；还有在商业模式设计中区块链的加入改变了原有交易结构，可以将中心型商业推向去中心型商业。所以我们可以说区块链是同时包括技术、商业、金融甚至组织形态等的综合式创新。本章重点论述区块链在商业模式创新中的理论依据和实践方法。

8.1 区块链创新的理论工具

区块链创新是指基于区块链技术、区块链思维和通证经济模型设计的组合式创新。而区块链创新的社会价值、经济价值是对商业模式和组织形式的影响。我们注意到区块链创新特别是通证经济模型设计和商业模式创新中会经常用到经济学和自然科学理论，其中激励相容、纳什均衡和系统动力学是最为关键的三个基础理论，加深对这些理论的认识有助于我们更好地运用区块链技术和通证经济手段实现商业创新。

8.1.1　激励相容

激励相容是里奥尼德·赫维克兹于1972年提出的一个核心概念，并于2007年获得诺贝尔经济学奖。

我们用区块链语境理解激励相容的定义，它是指一个系统的参与者为了实现个体利益最大化所制定的参与策略，与机制设计者所期望的策略一致，从而使参与者自愿按照机制设计者所期望的策略采取行动。

这一点我们从比特币的机制设计中可以明显感觉到。中本聪在《比特币白皮书》的第一段就写道："互联网上的贸易，几乎都需要借助金融机构作为可信赖的第三方来处理电子支付信息。虽然在绝大多数情况下这类系统都运作良好，但是这类系统仍然内生性地受制于'基于信用的模式'的弱点。"可以看出中本聪想要解决互联网上的贸易中第三方信用不可信赖问题，解决方案就是使用加密的分布式记账技术，这种技术要求系统运行在一个点对点去中心化网络中。

真正的去中心化网络没有确定的管理责任承担者，那要如何保证系统可持续和稳定运行，就需要激励相容的机制设计。比特币规则设定谁的算力最优，谁就有机会获得记账权并得到奖励，而算力与芯片和网络直接相关，为了不在算力竞争中落后，每个参与者都追求拥有更高算力的芯片和最优的网络环境。这种追求个人利益最大化的策略保障了比特币记账网络的先进性，无论再过多少年比特币都会运行在当时最好的硬件基础设施上，这就是比特币机制设计者希望参与者主动去采取的策略。

8.1.2 系统动力学

系统动力学（System Dynamics，SD）出现于 1956 年，创始人为美国麻省理工学院的 J.W. 福雷斯特教授。系统动力学是一门分析研究信息反馈系统的学科，也是一门认识系统问题和解决系统问题的交叉综合学科。"凡系统必有结构，系统结构决定系统功能"是系统动力学的核心思想。所谓结构，是指一组环环相扣的行动或决策规则所构成的网络，用公式表达就是：系统 = 要素 × 连接关系。要素指的是变量，连接关系包括因果链、增强回路、调节回路、滞后效应四种关系。

◎ 增强回路

一个有效系统的设计必须通过建立增强回路（见图 8-1）实现既定目标结果。所谓增强回路，是指在一个因果关系中，因会增强果，反过来果又会增强因，如此往复就会形成增强回路。为什么麦克风离音箱很近的时候就会发生啸叫？那是因为声音被音箱增强后又传入麦克风，之后麦克风又将增强后的声音传递给音箱形成增强回路，由于反馈速度太快使音量直接冲向峰值。

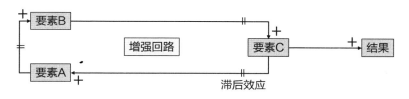

图 8-1　增强回路

在商业模式设计中增强回路是制胜的法宝。比如，社交软件会因为用户越多，用户之间的连接越多，连接越多，就会有更多人知道和加入，如此循环形成增强回路。再如，著名的亚马逊增长飞轮"客户体验越好，客户数量越多；客户数量越多，产品进货价格越低；产品价格越低，客户体验越好"，这又是一个增强回路。

在一个区块链系统中我们会使用激励相容策略对参与者进行激励，激励工具是系统产出的"专用代币"，这种激励是否有效取决于被激励者是否承认"专用代币"具有激励作用。如何让"专用代币"具有激励作用呢？我们需要为其构建"价值基础"和"价值预期"。构建价值基础靠赋予"专用代币"使用场景和功能；构建价值预期靠增强回路设计使"专用代币"内在价值持续增长且供不应求（见图 8-2）。

图 8-2 专用代币价值增强回路

构建"专用代币"价值增强回路在不同应用场景中会有不同设计，但如果要总结一个基本逻辑的话，可以归结为由代币供给（激励对象）、代币需求（使用者）和代币存量（调节机制）三个要素组成的增强回路，目标是代币价值增长。激励对象是指通过完成任务获得系统奖励的人群，他们是专用代币的供给端。使用者是指需要使用专用代币实现自己利益目标的人群，他们必须从激励对象手中获得专用代币，并将专用代币支付给系统或其他角色换取想要的结果。系统调节机制控制专用代币存量，根据场景需要，通过锁仓、销毁和再分配等手段保证专用代币能够始终处于合适的供不应求状态。

这就会形成专用代币的增强回路，假设是在一个电商平台生态中，供给端是消费者，需求端是商家，那么消费者被激励机制吸引形成规模，就会吸引商家入住生态，商家为了实现销售产品的目的就要向消费者购买专用代币，假设系统规定销售产品必须支付专用代币作为上链费，当系统收到商家支付的专用代币时，就可以通过调节机制进行销毁和二次分配，使专用代币存量发生变化，进而促使专用代币的内在价值提升。

◎ 调节回路

增强回路一旦形成会自主循环并带来可持续增长，但是任何增强回路都不可能永远增强下去，最终都会遇到天花板；同时在增长过程中也一定会遇到减弱因素，使增长停滞甚至进入下降循环，这种削弱增强回路的影响变量就是调节回路（见图8-3）。

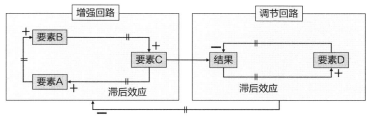

图8-3 带有调节回路的系统

调节回路是环境中天然存在的，在大自然乃至日常生活中通常表现为物极必反。比如，一家饭店靠"付费推广、顾客进店、收入增长"的增强回路可以快速实现收入增长。但是增长很快会遇到天花板，那就是营业面积和时间的天花板——顾客太多坐不下就只能放弃这部分利益，营业时间再长也不能超过24小时。这些都是增长目标实现过程中的调节回路，要突破天花板就必须打破边界。比如，增加外卖渠道可以突破面积和时间的天花板。外卖也饱和了怎么办？开始走加盟连锁模式。这些都是应对调节回路的策略，也是重新建设增强回路的过程。

在专用代币系统中也同样存在调节回路，当代币价值增长就会导致囤积和惜售行为，使可交易代币减少。在商家需求不变的背景下，可交易代币减少，代币价值会继续增长，这使得可流通的代币进一步减少，最终会出现商家无法获得足够的专用代币支持产品销售，使增强回路失效（见图 8-4）。

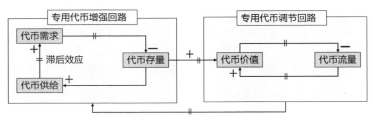

图 8-4　带有调节回路的代币价值增长系统

所以在设计专用代币增强回路时必须考虑到调节回路的影响。只有提前预判到可能发生的调节回路要素，才能设计出可持续的增强回路。

◎ 滞后效应

除了调节回路，在系统设计中还有个重要影响因素需要关注，就是滞后效应。在增强回路和调节回路的每一个因果关系中，都有可能出现滞后效应，也就是前因的改变并不会立即反映为后果的变化。我们都体验过淋浴头的滞后效应，你对温度的调节总是不符合预期，那是因为你没有考虑滞后效应。在这个专用代币系统设计中，滞后效应会发生在存量影响代币价值的环节，存量是被流量（流入量、流出量）影响的，在需求不变的条件下，存量变化必然会影响价值变化，但这种变化并不会立即发生，因为专用代币价值的因果链是"流量影响存量、存量影响供给、供给影响需求、需求影响价值"。所以我们在进行经济模型设计时需要对滞后效应有所洞察。

8.1.3 纳什均衡

纳什均衡是著名经济学家约翰·纳什发现并总结出的重要概念，也是博弈论的理论基石之一。它是指在一个博弈过程中，如果任意一位参与者在其他所有参与者的策略确定的情况下，其选择的策略是最优的，那么这个组合就被定义为纳什均衡。这个最优策略有时会让参与者之间的合作得以达成，这就是"好的纳什均衡"；有时则会让参与者之间的合作无法达成，这就是"坏的纳什均衡"。

举个例子：假设 A 公司和 B 公司要共同上市一款相似的新产品，A 公司提出一项合作建议，双方各出资 1 亿元进行消费者教育。按照测算，活动结束后双方会各赚 1 亿元利润，这个结论 B 公司也是认可的，但是 B 公司内部讨论得出这样一组数据，见表 8-1。

表 8-1　A、B 两家公司各种策略及对应结果

联合宣传策略		A公司	
		投1亿元	不投入
B公司	投1亿元	A公司赚1亿元 B公司赚1亿元	A公司赚2000万元 B公司赔5000万元
	不投入	A公司赔5000万元 B公司赚2000万元	A公司不赚不赔 B公司不赚不赔

B 公司有两种选择：参与合作或不参与合作。如果参与会有两

个结果：赚 1 亿元或赔 5000 万元。如果不参与也有两个结果：赚 2000 万元或不赔不赚。面对两个选择、四种结果，假设无法确定对方如何决策，B 公司最安全的策略应该是不投。实际上 A 公司也面临同样的选择，于是双方都不投就是这个博弈场景的纳什均衡，谁单方面改变策略，谁就会受到损失。这个导致合作无法达成的纳什均衡就是"坏的纳什均衡"。

那我们能不能把这个"坏的纳什均衡"变成"好的纳什均衡"呢？当然可以。只要我们加入约束机制就能达成合作，比如双方各出 5000 万元作为保证金，用来惩罚没有投入合作的一方。结果见表 8-2。

表 8-2 加入约束机制后 A、B 两家公司各种策略及对应结果

联合宣传策略 （各出5000万元保证金）		A公司	
		投1亿元	不投入
B公司	投1亿元	A公司赚1亿元 B公司赚1亿元	A公司赔3000万元 B公司不赚不赔
	不投入	A公司不赚不赔 B公司赔3000万元	A公司不赚不赔 B公司不赚不赔

无论是 A 公司还是 B 公司，选择不投就会损失 3000 万元或不赔不赚，而投入就会赚 1 亿元或不赔不赚，最优策略变成投入 1 亿元，这个最优策略形成的就是"好的纳什均衡"，也是双方都希望的结果。所以当一个博弈场景双方的最优策略是"坏的纳什均衡"就必须建立一套激励约束机制来修正双方的最优策略，实现"好的纳什均衡"。

　　我们都知道区块链的核心理念之一是去中心化，而去中心化场景中如果有博弈发生，基于人性自私的假设在去中心化场景中一定会自然形成"坏的纳什均衡"。试想一下，在一个无政府状态的社会中，如果有人提出一个规则希望所有人都能主动遵循，这几乎是不可能的。而区块链系统的运转方式恰恰就是一个无政府方式，没有人拥有整个系统的所有权和控制权，也没有人对系统负有主要责任，这样一个自组织系统要如何做到有效运转，这就是区块链的创新之处。

　　一个国家、政府、企业组织的有效运转，是建立在先有人群后有规则的基础上的。一群人推举一个领导者，或者一个领导者以某种手段征服了一群人，之后通过制度、法规和监督、执法工具使得组织体系能够有效运转，所有规则都能大概率地被有效执行。区块链系统构建的去中心化组织正好相反，是通过先制定规则后形成人群的方式建立起来的。

　　人们是先看到一个去中心化系统的运行规则，基于对规则的共识和对去中心化系统的可信机制汇聚到一起，形成一个新的社会组织，这是出于自愿原则形成自组织形态。这样一个去中心化自组织能否有效运转，取决于规则设计者是否能够在一开始就制定出满足"好的纳什均衡"的博弈机制，并合理运用激励相容和系统动力学原理结合智能合约等关键技术，让系统规则能够有效执行并发挥作用。

8.2 通证与商业模式创新

8.2.1 理解商业模式

我们知道商业的本质是交易，没有交易商业无从谈起，交易的作用是让产品能够流通到消费者手中，这个过程会有大量的参与者，比如去原材料产地收购蚕茧的织女，去织女家中收购丝绸的采购商，从采购商手中购买丝绸的贸易商，从贸易商手中购买丝绸的零售商，从零售商手中购买丝绸的裁缝，从裁缝手中定制服装的消费者。一连串的交易最终使消费者得到需要的服装，这些交易者之间都有各种各样的利益关系，这些利益相关者共同构成一种相对稳定的交易结构，这个利益相关者的交易结构就是商业模式。

这种层层传递、高度协作的商业模式有一个概括的定义叫作线段型商业模式。在线段型商业模式发展过程中，由于物理空间和信息连接工具的限制，供需之间普遍存在信息不对称，解决信息不对称成为商业创新的主要手段，能够发现信息并以某种方式成为中间人就可成就一个赚钱的事业。但是随着时间推进，竞争越来越激烈，交易的范围越来越大，导致环节越来越多，环节越来越多则交易成本越来越高。当交易环节都被填满之后，寻找信息不对称的机会越来越渺茫，商业模式创新必然开始向去中介方向发展，通过颠覆中间环节、降低交易成本获得需求端的认可，建立自己的生态位。经过不断地创新，线段型商业模式逐渐进化为中心型商业模式，也就是现在我们体验最多的商业模式。

中心型商业模式是以市场形态将供应端和需求端连接到一起的交易结构。中心型商业模式的早期形态是百货商场、超级市场、购物中心等实体型中心，但是大部分实体中心背后仍然存在较长的供应链和库存等成本结构，只是为消费者购买产品提供了交易中心的便利，这其中只有少数能够真正做到直接连接供应端和需求端。比如沃尔玛、宜家、名创优品，等等，他们通过强大的供应链管理和集中采购甚至自产自销的方式，使产品价格中的交易成本明显低于竞争对手，进而形成强大的护城河（壁垒）。看一看沃尔玛在世界500强第一的位置霸占了多久，我们就明白通过降低交易成本取得的竞争优势是多么明显而强大。

进入互联网时代，一种新的中心型商业模式应运而生，这就是平台型商业模式。互联网带来的最大商业影响就是把连接变得成本更低、范围更广。而建立连接最高效的方式就是建立一个网络平台，从最早的门户网站到资讯平台，再到电子商务的出现，真正的中心化平台商业模式成为新的强者。如果说沃尔玛是城市级交易中心，亚马逊是国家级交易中心，那么今天的阿里巴巴已经是世界级交易中心。显然一个实体型交易中心是无论如何也不可能成为全国级甚至世界级交易中心的，是互联网让世界级交易中心成为可能。

然而平台型商业模式的真正发展普及是在移动互联网出现之后。今天的手机与 App 的完美结合，几乎把已知甚至未知的供应端和需求端都连接起来。当一个聪明的创业者发现一个互联网创业机会并取得实质性成功，他一定是发现了一个没有被满足的需求，并找到了需求供应者，然后通过平台把二者连接起来。比如，淘宝把产品销售者与消费者连接起来（B2C）；盒马鲜生通过线上下单、线下配送把实体店和消费者连接起来（O2O）；"得到"App 将知识生产者（老师）与知识需求者（学生）连接起来（C2C）；拼多多通过大规模定制产品把消费者和制造者连接起来（C2M）。这一个个成功的商业模式创新都是以去中间化为手段，以交易成本降低为目的的成功实践。

尽管中心型商业模式非常有效地超越了线段型商业模式，但是大多数中心型平台都会成长为"赢家通吃"的超级中心，这种结局会自然导致去中心化的物极必反效应。因为当信息量非常分散时，我们是希望信息越集中越好，这样就会减少信息搜寻成本。这个集中的过程就是降低交易成本的过程，因此会很快获得认可并快速发展。但是当信息量集中到一定程度，就会出现信息过度冗余，导致的搜寻成本、比较成本都开始上升。尽管中心化平台通过分类、搜索和推荐等手段试图降低信息冗余带来的反作用力，但仍然不可避免地出现用户增长遇到瓶颈、用户体验开始下滑的事实。另外，当中心化平台实现绝对中心化地位以后，店大欺客的问题开始显现，围绕中心化平台参与供给和服务的利益相关者都不得不接受各种条款制约和成本附加。

当中心化平台解决了供应端与需求端最短路径连接问题，实现最低成本交易的目标，接下来如果我们仍然继续追求交易成本降低的商业模式创新，那么去掉中心化平台就成为必然选择，因为中心化平台也是交易成本的一部分。比如淘宝、美团之类已经成为新的交易成本制造者，脱离中心化平台的趋势开始显现。

最近几年快速发展起来的社交电商模式、SaaS 平台模式都是去中心化的早期实践，这个阶段可以定义为多中心阶段。社交电商把人们从大中心平台上分离出来，围绕特定品类的需求以关系和信任为纽带形成所谓私域流量池，一个个私域流量池构成多中心商业形态。一个非常明显的现象就是我们身边每一个线下小中心体都在努力建立自己的私域流量，比如便利店老板、餐饮店老板、物业管家、菜鸟驿站管理员、学校老师，等等。凡是有固定角色且具备较强可信任属性的服务者，都有条件建立自己的私域流量。对于一个便利店、餐饮店老板来说，几百人的私域流量就已经可以带来非常可观的增值收入：一方面通过组织一些特色产品团购获取额外的销售收入；另一方面可以在一定程度上脱离第三方流量平台的制约，减少流量成本支出。

从线段型到中心型再到多中心型，我们一直沿着降低交易成本这个主线去理解商业模式进化。到这里我们会清晰地感觉到去中心型商业模式呼之欲出，如果中心型商业模式是供给端、平台端、需求端的交易结构，那么去中心型商业模式应该是减掉平台端之后的交易结构，是供给端与需求端直接交易的交易结构。

8.2.2　理解被通证赋能的商业模式

对于通证的概念我们已经深入讨论过，它是区块链将数据信息确权产生的标识。关于通证的价值和意义，也引起很多专家学者关注，甚至有人提出通证经济学、通证动力学、数字经济等新概念。

本书对通证的研究重点是对商业模式的赋能和创新，我们认为基于通证设计的商业模式创新是商业模式向去中心化演进的核心。

去中心型商业模式的交易结构是供给端与需求端直接交易。想要实现供给端与需求端直接交易可以通过两条路径实现，这两条路径都需要区块链技术参与。

一是改造连接供给端和需求端的平台端，把中心化服务形式转变为去中心化、分布式服务形式。一旦平台变成去中心化，便意味着平台的运营管理成本不需要特定经营者承担，而是由供给端和需求端甚至第三方共同承担，如何让这些参与者自愿提供分布式服务义务就是区块链应用的关键。比如建立一个联盟，以联盟链为底层基础设施解决中心化平台效率低、成本高的问题，这可以在金融机构跨境业务和国际贸易等场景中得到应用。或者打造一个专用公链基础设施，为使用者提供低成本甚至零成本的基础服务，比如去中心化游戏引擎、去中心化云存储服务、去中心化互助保险服务，等等。

二是将供给端和需求端进行角色融合的方式，将产品服务的供给端变成通证系统的需求端，将产品服务的需求端变成通证系统的供给端（见图8-5）。

图 8-5 使用通证后的交易结构

旧的交易结构是 A 把产品服务交付给 B，B 把钱支付给 A 完成交易。新的交易结构增加了通证交易场景，在这个场景中我们通过经济模型设计让 B 获得经济激励同时不增加 A 的成本。于是在旧交易结构中 A 获取利润，在新的交易结构中 B 获取激励，二者叠加后形成的新商业模式就是共赢商业模式。

我们再来看一个传统实体产业的交易结构，如图 8-6 所示。

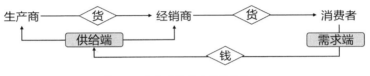

图 8-6　传统实体产业的交易结构

这是一个典型的线段型交易结构，生产商制造产品通过经销商层层传递，最后卖到消费者手中，消费者所支付的产品价格就是生产商和整个中间交易环节的可分配利益，这种分配方式导致所有参与者都要先进行各自行业的横向竞争，即供应商与供应商竞争、生产商与生产商竞争、经销商与经销商竞争、物流商与物流商竞争，横向竞争的胜利者才能参与纵向的利益分配竞争，也就是对产品最终销售收入分配份额的竞争。这是一种"零和博弈"，是无法实现共赢的交易结构。

回顾几千年来商业模式的进化，经历了线段型交易结构、中心型交易结构，围绕交易结构设计的商业模式创新层出不穷。但其中的利益相关者只有两种角色：一种是自然人，一种是法人，本质上都是人的参与，他们共同的诉求就是追求自身利益最大化。这种利益诉求的本质导致无论采取怎样的交易结构都很难做到共赢，这使得商业竞争的必然趋势就是参与者的利润空间越来越小，直到新的利基市场被发现。那有没有办法改变这种结构？以前可能没有，现在我们可以尝试使用区块链技术和思想来解决这个问题，比如引入通证系统对原有商业模式进行改造。

还是前面的线段型交易结构，我们加入通证系统，如图 8-7 所示。

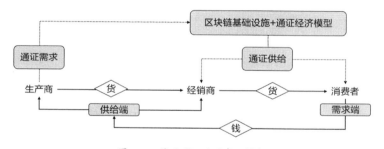

图 8-7 使用通证后的商业模式

新的交易结构引入"通证系统"，这等于增加一个新的利益相关者。这个通证系统由通证经济模型和区块链基础设施组成。

通证经济模型是指以通证为工具进行激励、确权、定价、众筹的规则体系。

区块链基础设施是指支持通证产出的公链或联盟链技术底层。

在这个典型场景中，通证系统负责产出和管理不锚定资产的专用代币通证。在通证经济模型中为经销商和消费者设计的激励机制，使经销商的销售行为和消费者的购买或推荐行为得到专用代币奖励。这个激励设计让消费者和经销商成为通证系统中的通证供给者，同时在通证经济模型设计中要求生产者向系统支付通证才能激发系统对经销商和消费者的激励，这就将生产者定义为通证需求者。而生产者只能从经销商和消费者那里得到通证，所以经销商和消费者都是通证交易场景中的利益获得者，而生产者和经销商在现金交易场景中是利益获得者。可以看到，经销商成为两个交易场景中的获益者，在这个新的商业模式中经销商是最大的受益者，所以这对传统线段型交易结构的生产者具有很好的提升竞争力作用。

表面上看，经销商和消费者获得通证奖励是一种利益获得方式，但还缺少一个必要条件，就是通证的价值是如何实现的，因为没有任何价值的通证，奖励再多也没有激励作用。所以通证价值的赋予和增长逻辑是通证经济模型设计的核心问题。

关于通证赋能后的商业模式，我们的结论是："引入一个通证系统作为新的利益相关者，设计一个能够使原有利益相关者共同受益的交易结构。"这就是我们关于"区块链商业模式"的定义，这意味着一个区块链落地应用场景如果涉及商业模式改变，就必然需要引入一个通证系统。

8.3 通证经济模型设计流程

8.3.1 通证经济模型设计的关键问题

在开始通证经济模型设计之前，我们需要先回答几个问题，目的是了解一个目标场景是否适合用区块链技术或者通证经济模型去赋能，否则就可能会花了很多时间精力和金钱却没有得到想要的结果。

◎ 这个场景中有未被确权的资产吗？

未确权的资产也就是还没有被合理定价和交易的资产，比如数据和权利。这些资产可以通过智能硬件或其他方式获得，用通证确权后变成可交易资产。这其中权利是比较难鉴别的部分，我们要找的是还没有被定义的权利，比如投票权、参与权；或者是需要从原有权利中拆分出来的权利，比如使用权、收益权。

◎ 这个场景需要供给端与需求端互相融合吗？

供给端和需求端融合是去中心型商业模式的核心应用，比如把消费者变成生产商、服务商的利益共同体，所以在零售行业、服务行业这种需求通常都会有。

◎ 这个场景是否在供给端与需求端都具备可持续增长空间

一个场景的交易规模如果不具备可持续增长条件，则无法为通证经济模型提供有效的需求和供给空间，无法完成增强回路建设。

通过这些问题我们可以验证一个场景是否适合用通证经济模型去赋能，确认基本条件具备就可以着手设计具体的模型要素。

8.3.2　通证设计的基本要素

引入通证系统后的商业模式我们已经做过介绍，通证经济模型设计的基本要素包括，通证的产出方式、获得方式和使用方式，最终实现通证增值。

◎ 通证的产出和获得方式

通证的获得方式也就是激励机制从比特币开始被定义为"挖矿"，自以太币开始，通证有了众筹功能，获取方式就多了数字货币兑换和直接奖励等方式。当前我们在落地应用场景中设计通证获得方式，可以分为奖励兑换类和行为挖矿类。奖励兑换类包括直接奖励、服务奖励、产品兑换、资源兑换等形式；行为挖矿类包括算力挖矿、消费挖矿、交易挖矿、锁仓挖矿、权益挖矿、投票挖矿、创作挖矿、游戏挖矿、参与挖矿、承诺挖矿等众多形式。

在进行通证产出数量和分配方案设计时，奖励兑换部分应主要用于团队激励和关键资源获取，比如换取技术开发支持、支付公链使用费等。对于团队的激励主要是替代股权形式的期权激励。行为挖矿部分是项目生态建设的关键资源，发挥对用户和服务者行为的激励约束作用。挖矿规则设计有很多方式，比如按共识机制分配、按贡献权重分配、按固定数量分配，等等，在分配之前还需要对通证总量进行切分。

（1）通证总量的切分。总量规模上有固定规模和不固定规模两种。固定规模的通证数量切分方式有按等比序列、等差序列、等额序列、降幂排列等方式。如比特币总共 2100 万个，约 10 分钟分配一次，分配数量每四年减半一次属于等比序列切分。规模不固定的通证数量根据锚定资产或行为进行供给，每上链一个单位的资产即发行一个单位的通证，或每完成一个待激励行为即发行一个单位的通证。比如我们以激励经销商为目的分配通证，按照销售额度奖励 10% 的通证，销售越多，奖励越多，这种通证就不需要设置总量限制，但是需要做好"调节回路"设计，调控好通证的供需平衡。

（2）按共识机制分配。一般用在公链基础设施的记账节点激励，节点参与者根据共识规则竞争记账权，获得记账权即可获得系统分配的通证奖励。

（3）按贡献权重分配。这种激励方式经常被用在用户端应用场景中，比如注册奖励、分享奖励、消费奖励等。如果挖矿规则设定每年分配 100 万个通证用于用户行为挖矿，其中 10% 用于注册、20% 用于分享、70% 用于消费激励。

具体执行时按照先计算出每天分配多少通证，比如是 2739 个，再计算出每天各类行为应分配数量，比如注册奖励 273 个、分享奖励 548 个、消费奖励 1918 个，最后根据昨日实际数据按照每个用户所占权重对可分配数量进行瓜分（见表 8-3）。

表 8-3　按贡献权重分配示例

挖矿行为	激励条件	激励对象	每日可分配额度	记账方式
注册	绑定手机	注册用户	10%，273个	用户行为数/全网用户行为数 × 可分配额度
分享	添加推荐人	推荐用户	20%，548个	

挖矿行为	激励条件	激励对象	每日可分配额度	记账方式
消费	付款金额	登录用户	70%，1918个	T+1，次日到账

（4）按固定数量分配。有时候我们需要在第一时间兑现奖励，这就无法进行权重统计。这种分配方式可以采用限量供给、排队供给等方式，比如固定额度先到先得的分配方式，或者按优惠数量奖励前 1000 个新用户等。

◎ **通证使用场景和作用**

我们通过奖励兑换或者挖矿等方式把通证转移到目标用户手中，这并不复杂。但是如果想要让通证具有价值，还必须为通证设计使用场景。只有具备真实使用场景的通证才会有价值预期，才会成为被需求的加密数字资产。

设计通证使用场景是一个通证经济模型的关键，没有使用就意味着没有消耗，没有消耗，通证存量就会不断增长形成泡沫，通证价值也就不会提升。

设计通证使用场景需要避免两个误区。

第一个误区是通证替代现金使用。替代现金是指将通证作为用户购买产品或服务应支付现金的一部分或全部，这种方式与传统积分使用方式很相似。用户通过消费或者其他方式获得通证，再用通证进行消费，积分的获得 100% 来自销售奖励，通证的获得却不只是消费，可能还会有行为挖矿和各种赠送奖励。这些非消费赠送的通证如果也被当作现金使用，其结果会导致商家进一步减少利润甚至亏损。尽管这些方式也有一定增加复购的作用，但是用通证做和用积分做差异不大，甚至还不如积分。如果我们使用通证经济模型设计就是为了达到这样的目的，这显然低估了通证经济模型的作用。

第二个误区是用通证替代股权使用。首先，如果是真实的股权替代，这是一种违规行为。如果是变相的分红形式，比如用一定比例的利润回购通证，这种方式与用通证替代现金是一样的逻辑，都是对商家利润的二次分配。在当前这个市场充分竞争的环境下，商家如果不能在第一时间给消费者最低的价格和最好产品，而是在之后的某个时间点通过利润回购通证或者通证替代现金消费的方式回馈消费者，这是降低消费体验的策略，一开始就会败下阵来。之所以有些这样做的项目一开始还能够得到用户的响应，通常不是因为策略的成功，而是社群营销手段的成功。

那么正确的通证使用场景应该如何设计？我们总结以下几种场景更能发挥通证经济模型设计的作用。

（1）用作上链费。

所谓上链费，是指将通证支付给通证系统作为对系统资源调用的费用。系统收到上链费可以直接销毁，也可以根据规则进行二次分配。在所有通证使用场景设计中，上链费的设计是最有效的通证消耗，一个场景中如果有可以收取上链费的环节，应该优先考虑。比如生产商每上链一件产品就支付一笔上链费，这会使生产商成为通证的需求者，同时它又是产品的供给者。我们知道通证是从系统里发出来的，要想形成流通闭环就必须再流回系统，所以能够使通证流回系统的使用方式都是要优先考虑和设计的。

（2）用作手续费

手续费一般设计在交易记账环节，是对交易服务者的奖励，比如比特币在进行转让交易时需要向记账人支付记账手续费，这是记账人除了竞争记账权获得挖矿收益之外还能额外获得的收益。当挖矿奖励的比特币全部挖完，记账手续费就成为记账人的唯一收入来源。手续费作为一种激励措施的补充，对被激励对象是一种供给，对支出人是一种消耗，这对流通存量不产生影响，但可以制造流动性，让通证被重新分配。

（3）用作权利标识。

通证本来就是一种确权凭证，其所包含的权利可以在产出时锚定，也可以在产出后通过设计赋予，比如投票权、发言权、参与权、收益权、使用权等都是在产出后基于不同场景需要被授予的。将通证用作权利标识是通证使用环节设计的正确思路。这比用通证替代现金和股权的设计更具有可操作性和创新性，也是我们所提倡的。基于区块链技术的加持，通证可以将以前无法确权的虚拟资产、虚拟权利进行确权，进而创造出更多新的交易场景和经济价值，这才是通证经济模型设计要实现的。

◎ **通证增值模型**

我们知道通证有锚定资产和不锚定资产之分，锚定资产通证的价值是被锚定资产的映射，不锚定资产通证会因为参与者共识或依托应用场景的通证经济模型设计而产生价值变化。我们研究通证经济模型设计的理论和方法是为了最终实现通证价值的合理增长，所以说通证增值是通证经济模型设计的核心目的。不能实现通证增值的通证经济模型几乎没有使用价值。在区块链发展早期，通证增值更多是靠二级市场炒作和一些与落地应用无关的模式设计。事实上通证增值逻辑在真实商业场景中是可以得到有效实现的。我们归纳通证增值的基本逻辑包括以下三个方面。

（1）设计真实消耗场景。

我们讨论通证在落地场景中的应用，主要是以不锚定资产的"专用代币"为讨论对象，那些不锚定资产又没有确定应用场景的"世界货币"不在我们的讨论之列。

专用代币是在一个有边界的范围内使用的通证，从产出分配到激励挖矿会有一个逐渐向流通市场释放、改变流通存量的过程（见图8-8）。流通存量一般放置在三种地方——电子钱包、公开市场交易场所、应用场景平台（App、小程序）中。如果一个区块链项目发行了通证，但只有电子钱包和公开市场交易场所可以存放和流通，却没有真实场景可以使用，这样的通证没有需求因素和价值预估机制，只能走向供大于求，导致泡沫破裂的结局。

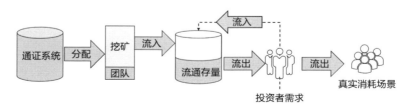

图8-8 专用代币流通模型

我们不回避有一些乐于冒险的投资人愿意通过购买和交易通证来牟利。但是如果我们能提供一个真实的通证需求场景，让这些投资人可以在恰当的时机将通证交易给最终需求者，获取一定收益，那么这些投资人就是区块链项目的早期支持者和帮助获得第一批真实客户的重要角色。

（2）建立循环通缩模型。

通缩是金融概念，是指市场上流通的货币量少于产品流通中所需要的货币量而引起的货币升值、物价普遍持续下跌的状况。形成通缩的原因是供给减少或者需求增加导致供不应求。专用代币作为一种激励工具，必须产生价值增长才能起到激励作用，通缩就是专用代币价值增长的方法之一。

专用代币实现通缩有两种途径，我们称为软通缩和硬通缩。所谓软通缩，是指通过阶段性限制专用代币流通来减少对应用场景的供给。比如要求必须拥有一定数量专用代币才能成为平台会员，用来锁定会员资格的代币就不会流入到应用场景中。比如我们为员工发放专用代币作为期权激励，要求这部分专用代币锁仓24个月不得进入应用场景使用，这种强制锁仓也是软通缩。这些临时性流通限制最终还会释放到应用场景中，所以是软通缩，但还是可以起到通缩的效果，只需控制好释放的数量和节奏。

所谓硬通缩，是指由通证系统或其他其他方式回收并按一定规则销毁。这种销毁是对流通存量的刚性减少，硬通缩需要让系统参与到交易结构中来，成为专用代币流通闭环的一个角色。

一个健康的通证经济模型应该首先建立个三角形闭环的正反馈

机制（见图 8-9），专用代币从系统产出流入到供给端。这里的供给端是指应用场景中专用代币的供给端，比如是消费者。供给端将专用代币交易给需求端。这个需求端也是指专用代币的需求者，比如销售商。销售商之所以需要专用代币是因为通证系统设计了销售商向系统支付上链费的规则，所以销售商成为专用代币需求端。系统收回专用代币执行销毁动作完成硬通缩。这个闭环是最小交易结构，在场景中先找到专用代币的供给端和需求端，把这个闭环连接起来，再拓展每个交易环节，加入交易角色，就可以满足应用场景的设计需求，同时达到制造通缩的目的。

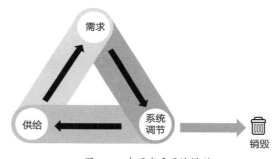

图 8-9 专用代币通缩模型

（3）设计提升权利价值模型。

一提到通证价值，大家首先想到的是价格。从比特币诞生以来，几乎所有数字货币都是通过公开交易所进行定价和交易的。这种定价结果往往与数字货币的真实价值无关，更多的是一种投机炒作，甚至是被操控的。当我们把通证与实际应用场景相结合，为通证赋予价值依据，我们就能够建立一套科学合理的价值计算逻辑。我们设计在应用场景中使用的通证叫专用代币，专用代币的价值依据不是供需变化，而是其所代表的权利价值，权利价值来自可量化的财务回报。

假设我们有一个产品上链的交易平台，供应商每上链一件产品需要支付一笔上链费。这个平台每天会产出 100 个通证。如果供应商第 1 天上链 100 件产品，每件产品会消耗 1 个通证，这个时候单个通证的权利就是 1:1；第 5 天上链 500 件产品，平台仍然只有 100 个通证释放，供应商每件产品就会消耗 0.2 个通证，这个时候每个通证的权利就是 1:5。以此类推，通证供给量不变，产品上链数量变化就会影响通证的权利价值（见表 8-4 和图 8-10）。如果每件产品因为上链可以额外获得 2 元收益，那么每个通证的权利价值就可量化为："产品上链数量 / 通证供给量 ×2"。

表 8-4 通证权利价值变动表

时间	产品数量	单个通证权利	通证增值
第1天	100	1：1	1倍
第5天	500	1：5	5倍
第N天	1000	1：10	10倍

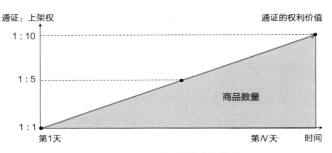

图 8-10 通证的权利价值趋势图

　　一个有效的权利价值提升模型需要以真实市场需求为推动力，这就要求被赋能的项目商业模式是成立的，所提供的产品和服务符合市场需要且具备增长空间。

8.3.3　一个餐饮品牌价值贴现模型

　　接下来我们用一个大家最熟悉的场景——餐饮连锁场景，来说明一个完整通证经济模型的设计流程。

◎ 项目背景

　　这是一个小规模餐饮连锁品牌，有 100 家左右的加盟商门店，每个门店日营业额约 1 万元，每天收取流水 3% 的管理费、10% 的运营费。品牌商负责获客促销、品牌运营和结算系统管理。品牌商主要靠供应链收益获取利润，其商业模式如图 8-11 所示。

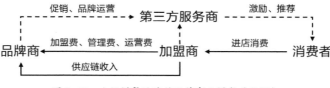

图 8-11　小规模餐饮连锁品牌商业模式（示例）

　　这是典型的餐饮加盟连锁模式，在竞争激烈的餐饮市场，流量获取和提升复购率是最难解决的问题，加上外卖平台等第三方服务商的逐步垄断，导致运营成本越来越高。如何解决问题，我们按照通证经济模型设计流程来一步步找到解决方案。

◎ 解决方案

首先我们来回答三个关键问题。

第一个问题：这个场景中是否有未被确权的资产。分析餐饮行业，我们发现，有一种资产与品牌商、加盟商、消费者都息息相关，是一个餐饮品牌成功的重要标志，但却无法量化和交易，那就是品牌价值。品牌价值貌似存在，但并没有计算品牌价值的可信依据。

品牌商并不能将品牌价值纳入资产范畴计入资产负债表，而只能通过收取加盟费的方式兑现品牌价值。但并不是所有餐饮品牌都能收到加盟费，还有大量中小餐饮品牌无法为自己的品牌定价，而这些餐饮品牌恰恰需要一个品牌价值发现的工具。

第二个问题：这个场景是否需要供给端和需求端互相融合。这个问题的答案是肯定的，让消费者成为品牌商的合伙人、永久客户、免费代言人，等等，都是每个品牌商梦寐以求的。在商业模式向去中心化形态进化时期，把消费者变成商家利益共同体是零售行业普遍追求的终极目标。

第三个问题：这个场景是否在供给端与需求端都具有可持续增长空间。这个问题要求我们的品牌商有持续扩大加盟商规模的能力和意愿，如果门店能够持续增加，消费者也自然会持续增加，这是一个理论上没有上限的市场，所以我们认为这是一个符合通证经济模型赋能的场景。

接下来我们可以进入商业模式设计阶段。

在项目背景中我们已经了解餐饮加盟商业模式的交易结构。按照通证系统改造商业模式的基本原则，引入一个通证系统重建原来的交易结构。我们将这个新的商业模式定义为"品牌价值贴现计划"（见图 8-12），目的是将品牌价值直接变现给对品牌价值有贡献的群体。

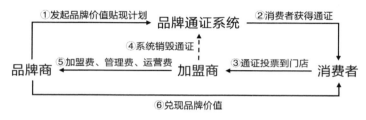

图 8-12 品牌价值贴现计划

改造后的商业模式从品牌商发起品牌价值贴现计划开始，这是一个关于品牌通证的产出、使用、流通、增值的实施计划，其核心内容就是通证经济模型的设计细节。消费者是通证的主要激励对象，因为消费者是品牌价值的最大贡献者。消费者得到通证的方式主要是进店消费。消费者持有通证后进入第三步操作，将通证以投票形式投向某一个或多个门店表示对该门店的支持，一旦投票即成为该门店的临时合伙人，拥有参与瓜分该门店每日奖励金的权利。品牌商按照规则把每天收入的管理费、运营费按一定比例提取奖励金分配给各个门店的投票人，兑现品牌价值给消费者。

（1）通证的产出和获得方式设计

1）通证的产出方式。

通证的产出数量和方式需要参考品牌商的发展计划。假设品牌商计划 5 年内发展 10 000 家门店，预估每家门店日均营业额

10 000 元，我们希望消费者能够从投票支持门店行为中获得足够好的获益体验。

那么我们以消费者体验目标为出发点，比如每天最少获得 0.01 元奖励，每家店每天分配 2% 奖励金也就是 200 元，对应 0.01 元的奖励目标，就是 20 000 个最小奖励单位，所以单个门店应匹配的通证数量是 20 000 个，10 000 家门店目标就是 2 亿个通证，所以我们可以规划发行 2 亿个通证作为总规模。这只是基本计算方法，执行中还要考虑到通证获得方式和消费者对数据规模的心理感受，比如让通证的数量显得更多一点，尽管收益是一样的。

2）通证的获得方式。

在这个餐饮消费场景中，我们希望消费者能够被更多吸引和参与进来，成为品牌忠实粉丝。激励的切入点首先是消费挖矿。但我们并不是直接按照消费比例来奖励通证。我们加入一个中间环节，就是积分奖励，消费者进店消费首先获得积分奖励，积分需要通过转发分享才能变成通证。经过一次裂变可以激活两个权利，分享者获得通证可以用来投票获利，被分享者获得代金券可以进店消费，再次获得积分奖励（见图 8-13）。

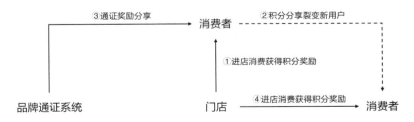

图 8-13 消费挖矿流程模型

这就是我们设计的通证获得方式——消费挖矿流程。在这个环节中通证的功能是激励，消费者进店消费奖励多少通证需要考虑流通存量的设计需求。

（2）通证的使用方式设计。消费者通过消费获得通证奖励，这个时候品牌商和门店收到了现金，消费者得到食物满足的同时获得通证激励。接下来是关键环节，我们要如何定义通证的价值，如果把通证定义为代金券，这就变成与普通消费激励没有两样的结果，用不用通证都一样。所以我们将通证赋予一种权利，一种成为门店临时合伙人的权利。与代金券不同，这种有权利内涵的通证具有持久性和可流通性，只要没被销毁就可以一直拥有权利。如何行使权利，我们设计了投票瓜分奖励金场景。

消费者将手中的通证通过小程序平台投票到任意门店，即可加入门店奖励金瓜分活动。对于品牌商来讲，原本是路人的消费者变身为品牌的消费者合伙人。门店将每日营收的1%—3%通过系统自动分配给所有投票人，投票人按各自所占权重获取奖励(见图8-14)。我们将这个过程称为品牌价值贴现，因为这是消费者对品牌表示认可的行为，而且是用预期收益作为代价的。

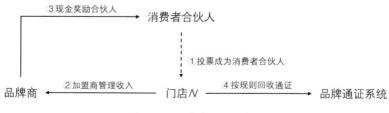

图 8-14 品牌价值贴现模型

按照我们的设计原则，通证使用场景必须与可持续增长的真实需求相关。本场景中可持续增加的门店数量和销售收入作为投票对象，就足以支撑通证价值提升的预期。

（3）通证增值模型。我们将通证用于门店投票参与门店奖励金瓜分，这本身就与经济利益直接挂钩。虽然从单个通证获得奖励金数量来看可能微乎其微，但是基于通证增值模型的合理设计，单个通证所代表的权利价值可以持续提升甚至非常可观。

我们做个测算，假设按门店收入 2% 提取奖励金，100 家门店每天有 2 万元奖励金待瓜分。如果此时有 100 万个通证可以用来投票，这 100 万个通证全部投入到门店中，每天可以分得 2 万元奖励金，每年可以分得 730 万元奖励金。如果要为这 100 万个通证定一个交易价格的话，你愿意花多少钱购买呢？

股票投资活动中通常评估股票贴现价格是以 20 倍的市盈率计算，这 100 万个通证当前的贴现价格应该是 14 600 万元。折算到每个通证上，单个通证的贴现价格是 146 元，这是在假设门店数量、销售收入不变的前提下。如果门店继续增加，通证总量不变的话，通证所代表的权利价值会继续上升，而通证的获得方式不过是进店消费而已，理论上是零成本。

如果我们从 1 家门店、100 万个通证开始，增值模型如图 8-15。门店从 1 家增加到 100 家，那么单个通证的 20 倍市盈率计算价格是从 1.46 元逐步增长到 146 元的。这个过程中，消费者、品牌商、门店都是受益者，品牌商只是将本来应该用于获客和品牌宣传的支出拿出一小部分用来激励消费者，使其成为品牌利益共同体，同时也为门店锁定忠实客户形成良性循环。

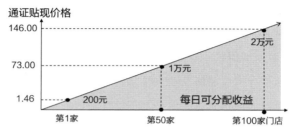

图 8-15 通证贴现价格增长趋势图

（4）实现纳什均衡的机制设计。我们已经完成通证经济模型的核心要素设计，接下来需要检验增强回路和调节回路有效性，以实现好的纳什均衡目标。

增强回路的形成由消费者进店消费开始，推动门店收入增长，门店收入增长推动投票收益提升，投票收益提升推动消费者进店消费，如此循环推动通证权利的价值提升。但是增强回路会遇到调节回路，也就是门店数量的制约，如果门店数量不能在门店收入饱和之前实现增长，则通证价值停止增长但不会贬值，此时如果门店数量出现增长，则对增强回路形成正反馈，推动增长循环持续（见图8-16）。

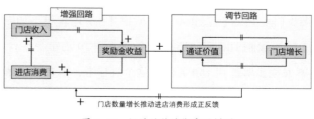

图 8-16 好的纳什均衡实现模型

所以这个场景的通证经济模型是否成功，第一推动力是门店数量的持续增长，这恰恰也是品牌商、加盟商和消费者都希望实现的目标。我们可以说机制设计对每个参与者的影响，使他们按照设计者希望的策略行动，我们实现了"好的纳什均衡"。

除了重要环节的机制设计，我们还必须对每个环节可能出现的异常结果做出预判，并预先做好风险防范的机制设计。比如：

如果参与分配的人过多，奖励金分得少怎么办？我们可以采取控制奖励金、不控制投票数量的方式，按投票人通证所占权重瓜分奖励金的方式。这会出现投票人之间自发的博弈行为，比如在 A 店投票单个通证日回报是 0.1 元，低于 B 店投票收益，说明投 A 店的通证票数比 B 店多，所以单个通证的收益就少。于是有些人下次就会选择 B 店投票，这样又会导致留在 A 店的投票人收入出现增长，因为 A 店的投票数量减少了。如此一来，投票人如何选择是自己的决策，品牌商只需关注流通通证的总回报符合预期即可，每个人都会有赚多赚少的可能。

门店收入不固定，奖励金太少怎么办？关于奖励金比例，我们设定一个弹性机制，可以在 1%—3% 之间选择，品牌商可以根据需要调节并公示给消费者。如果需要对某个门店进行补贴激励，就可以适当提高瓜分比例，这样就会吸引更多消费者参与门店投票，促进门店业绩增长。

消费者如果只投票不消费怎么办？这种情况一定会发生。消费者获得一定数量通证之后就不再消费了，但可以一直享受奖励，这显然不是我们想要的。所以我们需要设计一个消费唤醒机制，消费者每次投票前 15 天内必须有进店消费记录，自投票日开始参与奖励金瓜分，连续 15 天未进店消费自动停止奖励金瓜分。这就要求消费者至少每 15 天进店消费一次。除此之外，每次投票系统都会收取 1%—10% 不等的通证作为服务费进行二次分配。

通证越发越多怎么办？在这个场景中，通证大部分通过消费挖矿产出，消费越多，产出越多，这显然会快速扩大流通存量。所以我们要事先设定通证产出总量，按一定规则分配到消费挖矿场景中，比如总量设定 2 亿个，分 4 年产出，按第一年 10%、第二年 20%、第三年 30%、第四年 40% 的比例分配数量，这样随着门店数量增长，供给数量同步增加。除了总量控制，还必须有硬通缩和软通缩的设计。硬通缩采取两种方式：一是对投票手续费进行二次分配，把其中 70% 直接销毁，30% 奖励给门店经营者；二是在时机成熟时，向新的加盟商收取通证作为品牌使用费替代加盟费，收回的通证也要销毁。软通缩通过连续 15 天未进店消费即取消奖励资格和未投票到门店不参与奖励的方式，让一部分通证不会参与到奖励金分配中，减少待分配的奖励通证存量。

设计"品牌价值贴现计划"的目的是在早期发展阶段用通证激励实现快速发展，等到规模品牌价值都已形成，就可以停止消费奖励模式，改为流通模式，让通证成为一种可交易的权利资产在消费者之间流通。

◎ 技术实现方式

方案设计完成后，需要通过技术手段来实现。在这个方案规划中我们需要做以下技术开发。

（1）通证发行。通证必须用智能合约在公链或联盟链上才能发行出来。本项目场景除了通证并不需要其他区块链技术的应用，而且场景也不适合搭建自有公链基础设施。所以我们选择使用其他第三方公链基础设施发行通证（比如以太坊、蚂蚁链或腾讯 TBaaS 作为通证服务基础设施），实用而有效。如果说一定要自己建一个联盟链，然后发行通证才算是区块链技术应用，那这个项目的复杂度就会提升几十倍，而且这种复杂度提升毫无意义。所以对于如何看待区块链技术落地应用和赋能实体，既需要符合基本商业逻辑，又需要有实事求是的态度。

（2）通证使用场景。通证是在餐饮门店或线上场景使用的，这需要一个小程序或者 App 来实现，如图 8–17。以场景实际情况来看，小程序更适合。我们需要开发扫码点餐、投票管理、通证记账、积分管理、品牌价值贴现等基本功能，技术上需要做到中心化小程序系统与去中心化区块链系统的通证账本衔接，在这方面，已经有很多解决方案。

图 8–17　小程序页面截图

以上我们用一个真实场景对一个完整的通证经济模型设计方案做了介绍。值得注意的是，方案很好地解决了通证或者说专用代币合规使用问题。通证产生在平台系统内（消费挖矿），在系统内使用（投票赚钱），在系统内消耗（手续费和品牌使用费销毁），没有涉及融资和数字货币交易所交易环节。以目前的制度规范来看是合规合法的，但是作为区块链技术支持的通证又具备数字资产属性，可确权、可定价、可交易、可增值，一旦规则有所调整，也可以立即适应新的应用场景。

这个解决方案具有很强的可复制性，如果你可以按图索骥，找到自己所处场景的解决方案，恭喜你得到了本书的帮助。但实际情况是现实应用场景多种多样，解决问题的方案也必然千差万别，我们需要更多经验总结和方法提炼才能让区块链赋能实体落到实处。

8.4 通证应用的几种创新场景

通证系统由区块链基础设施和通证经济模型构成，可以单独构成一个商业应用场景，也可以与原有商业模式结合构成新的商业模式。通证的产出必须依赖一条公链或联盟链基础设施，一个通证系统应用场景对基础设施的选择可以是已经建好的第三方基础设施，也可以考虑自己搭建一个自用的基础设施，这取决于应用场景的生态规模和对自建基础设施的刚需程度。比如，银行间的结算系统联盟链，通常需要自己来建设；而存证、溯源或纯粹的通证经济模型赋能场景选择第三方基础设施会更划算。

通证系统设计的目标是将通证作为工具实现激励、确权、定价、众筹等功能，一方面是对现有商业模式的改变和赋能，另一方面还会颠覆现有商业模式创造出新的业态和场景。接下来我们介绍几种颠覆式创新场景。

8.4.1　把公共基础设施数字化

比特币系统是比特币的基础设施，以太坊系统是 DApp 和通证的基础设施。比特币系统和以太坊系统就是数字化基础设施，没有系统就没比特币和以太坊，所以在数字化基础设施还没有完成之前，当然就没有什么数字资产可以存在。下面我们来模拟一个数字化基础设施建立过程。

假设我们正在移民火星，第一批人已经上去了。这是一个新世界，尚处于无政府状态。一群人集中生活在一个区域，需要解决持续供氧问题，没有氧气无法生活。这些人中有人掌握了设备制造和使用技术，有人掌握基础设施建设技术，也有足够的劳动力，但是没有政府主体，也没有统一货币，争论很久也没搞定。这个时候我登陆了，我是个区块链应用方案设计师，我还带了一个区块链工程师叫"火本聪"，看到眼前的情形，我提出了一个解决方案，如图 8-18 所示。

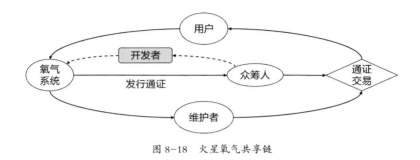

图 8-18　火星氧气共享链

　　我来开发一个基于区块链技术的氧气共享系统。为了让大家都能公平参与和享受氧气资源,我在系统中发行了一种数字通证叫"氧气币"。这个氧气系统是完全智能化控制的,未来任何人用氧气都只能使用氧气币支付。支付对象都是区块链系统,这是个去中心化系统,由全体成员以自愿方式参与维护。现在我们需要招募参与建设氧气系统的服务者,参与者会得到氧气币奖励,于是参与设备制造、基础设施和系统建设的人纷纷加入,根据贡献多少由全体成员投票对这些人进行奖励分配,氧气系统就建成了。建成后的系统会自动为日常参与维护和服务者发放氧气币奖励,这个动作我们通常称为挖矿。

　　系统运行后每个人使用氧气必须支付氧气币,没有参加建设或者没有氧气币的人,可以通过为拥有氧气币的人提供劳动获得劳务收入,或参与氧气系统维护获得系统奖励。到这里一个完全自治的氧气系统就达成了。没有一个公司来运营管理这个系统,没有运营成本,没有人收税,没有人垄断,没有人有能力左右系统的公平与正义。我作为这个项目的发起人,除了在一开始要求得到一点氧气币奖励，再没有其他利益，因此我的提议才能被接受。我在系统上线后就不再有资格和能力干预系统，我的权利跟所有人都是平等的。

故事讲到这里，你会发现氧气币就是和比特币、以太坊一样的数字货币。只不过比特币、以太坊没有用于支撑一个有现实应用的场景，所以我们感受不到比特币、以太坊这样的数字货币对现实生活的影响。在美剧《扫兴者》中有一个小行星带的生活区，居民由来自各个星球的流亡者构成，处于一个典型的无政府状态。他们如何进行交易和生活？只能靠某种数字货币，因为来自不同世界的人对任何实物产品的价值判断都是无法达成统一的，更不用说哪个国家发行的货币了。

火星氧气共享链之所以成立，有两个前提很重要：一个是缺乏组织共识的群体，另一个是可以数字化解决的需求。缺乏组织共识的群体选不出执政者，但可以基于区块链打造的代码规则重新找到共识；而可以数字化解决的需求才能交给区块链系统管理。很显然，在现实世界中我们很难找到这种相对封闭的群体和尚未解决的公共基础设施需求，但是在数据世界中人与人之间不受物理边界、货币边界、国家边界、种族边界、信仰边界的限制，完全可以基于某种新的共识组合成新的社群组织，这给我们开拓了新的想象空间。在一个无边界的数据世界中，以数据为生产资料打造新的数字产业，以代码规则为共识基础打造新的公共基础设施，都将拥有巨大的发展空间和机会，这一切都离不开区块链技术应用。

8.4.2 把时间变成资产的自金融方案

我们知道，金融是社会服务体系中最重要的角色之一，甚至是起决定作用的。没有资本的支持，无数的机会都会从你手中划过。设想一个场景，假如我是一个刚刚考上清华大学的准大学生，但是由于家境贫寒，我无力支付学费，这个时候我有两个选择，想办法借钱或者放弃这个机会。

如果借钱，除了亲戚朋友，还可以向银行申请助学贷款，无论哪种情况，对于个人和家庭都是巨大的负担。能否以不产生经济负担的方式解决学费的问题，这可能是每个面临相同窘境的大学生都希望实现的，至少不会给父母增添更大的生活压力。这个诉求在现有条件下可能无法实现，但是我们用通证经济模型手段就可以解决，我们来设计一个时间通证模型（见图 8-19）。

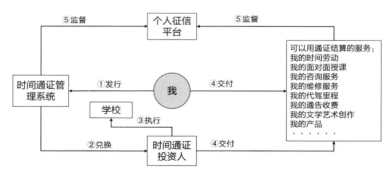

图 8-19 时间通证模型

我们假定一个大学生毕业后的时间价值比上学时会高很多。我们开发一个锚定时间发行的通证系统。从技术上，我们搭建一个联盟链，把学校和个人征信平台作为必要节点，再联合一些公益机构和企事业单位作为自愿节点。通证要采用不可拆分的方式发行，每个通证标识一个时间单位，比如1小时。使用和交易时不可拆分，时间通证的发行、使用、交易和销毁都会记录上链，接下来问题可以这样解决。

（1）发行。学生登录时间通证管理系统提交入学信息，申请发行时间通证兑换10万元人民币。系统通过学校节点验证入学信息真实性，根据学校等级、考试成绩、所学专业等要素信息评估每小时发行价，比如是每小时20元，10万元需要发行5000小时，学生如果同意就可以获得5000个专属时间通证。

（2）兑换。学生将5000个时间通证公布到专门的交易平台上，向平台用户（时间通证投资人）兑换现金。我们设定这是一个公益平台，用户都是以捐赠大学生的目的来参与时间通证交换的，所以每个大学生的信息都会以脱敏（隐去敏感信息）的形式呈现，捐赠人并不知道自己捐赠的具体是哪个人。捐赠人完成捐赠的同时，获得系统给予的时间通证持有数字证书。

（3）执行。学生发行的时间通证被时间通证投资人兑换后系统将资金自动拨付给学校，这个过程如果存在时间差，平台方是可以提供有偿垫资等金融服务的。

（4）交付。学生发行的时间通证都会记录在平台上，无论是在校期间还是毕业后，都可以通过平台提供的交付场景实施交付。比如参与平台组织的公益活动并销毁时间通证，参与平台发布的工作任务并销毁时间通证，在自己的收费服务中接受时间通证并销毁，或者直接用现金回购时间通证并销毁。

（5）监管。每个成功发行时间通证的学生，都要承诺在毕业后三年内全部收回时间通证并销毁，如果发生违约，"个人征信平台"将得到违约通知，按照失信人对当事人进行制裁。

这个时间通证模型彻底颠覆了个人融资方式和公益活动执行方式。个人可以不依赖任何金融机构解决融资问题，做公益的方式也从纯粹的资助变成可以有回报的投资行为。比如一个学生毕业后可以提供编程服务，标准工时费是每小时 100 元，这个时候如果你持有 50 小时的时间通证，就可以要求该学生提供 50 小时价值 5000 元的编程服务，而你的时间通证成本是每小时 20 元，50 个小时就是 1000 元，你获得了 5 倍的捐赠收益。

时间通证模型可能让你浮想联翩。很明显这也是一个具有可复制性的通用模型，适合那些未来时间价值会明显高于当前时间价值的个人融资场景，特别是公益场景的创新。

8.4.3 把实物产品权利通证化

产品是具备实物形态的资产，锚定实物产品发行通证是为了让实物产品可以被数字化确权和流通。一般来说，实物产品（不包括不动产）都是要经过移动才能确权，但是有些时候我们希望先确权后移动，或者先移动后确权，甚至只确权不移动。这需要资产上链技术与通证经济模型相结合以实现权利和实物相分离。

实物产品可分为标准化产品和个性化产品，标准化产品一般只需将身份上链形成可溯源信息流。个性化产品每一个都是独一无二的，通常具有收藏和投资价值。包括人为创造的手工艺品、书画艺术品、定制类产品，也包括天然具有独特属性的玉石、翡翠、化石、文物、稀有药材、动物、植物，等等。

我们先看看个性化产品如何通证化。以常见的玉石玉器、书画艺术品为例。我们希望解决艺术品交易中鉴别难、定价难、收藏难等核心问题，扩大艺术品交易规模、加速艺术品流通。基于这些目的我们给出一个解决方案，由产权人、用户、资产数字化工具、区块链系统、交易所、实物托管方和一套通证经济模型组成（见图 8-20）。

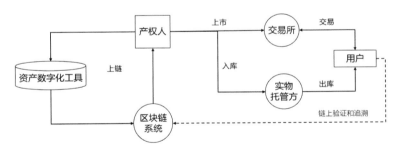

图 8-20　实物产品通证化解决方案

（1）上链。针对玉石玉器和书画艺术品的上链，我们可以使用前面提到的解决方案进行物理信息采集。这个采集过程由一套智能硬件组成，由实物托管方负责使用，当产权人提出产品上链要求时，通过实物托管方完成产品上链和确权，此时产权人会拿到产品权利通证，持有产品权利通证即拥有产品的所有权。同时实物产品进入实物托管方仓库保管。

（2）交易。通证交易在交易所进行，这个交易所是一个管理产品权利通证的应用软件。使用区块链技术以去中心化形式管理账户，可以确保产品权利通证的安全交易和保管。产品权利通证持有者可以在交易平台上拍卖自己的通证，与购买者完成资产转移记账。产品权利通证是已确权的数字资产，一旦交易给其他人，就不再拥有该产品权利通证的控制权。

（3）出库。实物托管方负责匹配实物产品与产品权利通证的对应关系。如果有人购买了该实物产品的产品权利通证，原来的持有人就不再拥有向实物托管方要求出库实物产品的权利。因为产品权利通证已交割到其他人的账户中，能提供账户私钥的人才拥有产品权利通证的所有权，所以产品一旦入库，必须凭借产品权利通证控制权才能出库。产品一旦出库，所对应的产品权利通证自动转入交易所锁定状态，不能在交易所进行交易，但可以通过电子钱包进行私下交易。这意味着交易所中可交易的产品权利通证，其实物产品必须在仓库中保管。

（4）区块链系统。此类项目相对投入较大，提供基础设施的区块链系统以联盟链形式更具可行性。实物托管方应建设全智能托管仓库以方便系统自动控制出入库信息和记账工作、上链服务机构和产品供应商都可以作为节点提供系统服务。

（5）流通。实物产品入库后持有产品权利通证即相当于持有实物产品所有权。这样一来，实物产品的交易就无须实物交割，参与者通过交易所获得产品权利通证，可以继续委托实物托管方进行托管。这相当于是一种云收藏，等到出现资金需求或产品价格上涨时，随时可以将产品权利通证再交易出去，收回现金。因为产品一直没有移动，所以购买者就不会担心产品的真假问题，省却鉴别环节。这小小一步改变可以打破艺术品交易中的专业门槛，普通人也可以参与到艺术品收藏、投资和流通领域，这无疑会促进艺术品交易市场的繁荣发展。新的交易流通方式还可避免艺术品移动过程中的不可预见风险，对艺术品保护也发挥了重要作用。

（6）通证经济模型。由于在去中心化数字资产交易所交易必须使用数字货币，所以我们需要发行一种只在本平台使用的平台币。

1）平台币发行。平台币价值与美元数字货币 USDT 锚定，在产权人将产品入库时根据入库产品对应美元价值由系统自动等额发行相应数量平台币。

2）平台币借贷。我们认为作为代表艺术品所有权的产品权利通证具有价值稳定的特性，所以在这个场景中引入去中心化金融服务，用户可以通过向系统质押产品权利通证借出平台币用于平台内消费。

用于出借的平台币可以从系统发行池中给出，也可以是平台币持有人的投资行为。平台币借贷系统全部由智能合约管理全自动化执行。质押的产品权利通证会被实物托管方通过系统临时挂起，如借款人正常还款则释放给借款人，如发生违约会自动在交易所进行拍卖，拍卖所得自动分配给出资人，超出应得收益部分奖励平台运营商（见图 8-21）。

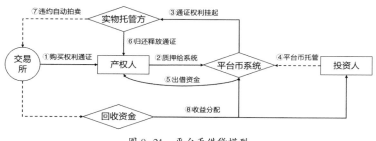

图 8-21 平台币借贷模型

3）防止通货膨胀。当有用户将实物产品出库时，平台服务商应按该产品最后交易价格购买相应数量平台币进行销毁。当借出的平台币归还时同样会被销毁。这是为了避免平台币出现通货膨胀。

锚定实物产品的通证应用还可以帮助我们实现期货交易大众化。以往只有大宗产品、特殊产品才有相应的期货交易平台，其他更多产品都不具备期货交易条件。有了区块链技术可以在更广泛的产品领域实现期货交易场景，包括各类产品的预售、众筹、投资、收藏都可以非常便捷而且安全地实现。如果担心出现金融风险和商业欺诈，只需做好监管规则制定和智能合约控制即可。

8.4.4 把虚拟产品通证化

虚拟产品是指以数字化形式生产和使用的产品，比如音视频内容、图片动漫、游戏和游戏道具、会员等级、电子宠物、品牌资产、软件程序，等等。这部分的范围非常广，大部分的资产化定义就是知识产权，对于知识产权的确权方式目前只有官方版权登记一种方式。事实上，这种方式并没有有效地保护大多数知识产权。那么区块链如何定义一个虚拟资产，如何实现自带保护属性的资产确权呢？

我们首先要跳出传统的版权保护概念，也就是所谓登记确权。我们看一个典型案例——"谜恋猫"。

"谜恋猫"是区块链养成游戏的鼻祖，是由 Axiom Zen 和以太坊合作开发的游戏，也是所有区块链养成游戏的起源。玩家使用以太币进行电子猫的购买、喂食、照料与交配等。每只猫都有独一无二的外形，其独特的视觉外观是由存储在智能合约内的不可篡改的基因所决定的。谜恋猫团队首创了 ERC–721 协议（非同质化通证发行技术）。基于这一技术，每只谜恋猫都对应一个唯一的数字身份通证，这有别于其他同质化数字货币通证，比如比特币、以太币。它可以做到唯一性确权（我们在介绍实物产品确权时也用到非同质化通证技术）。通证具有唯一性，所对应的电子猫也同样，所以电子猫具备可交易性。由于谜恋猫总量有限且内含购买和养成成本，所以交易价格也非常高，最高一只成交价达 246.95 个以太币，相当于 77 万元人民币。

如图 8 –22 所示，虽然把它说成是电子宠物，但从感官上看这就是一张图片，是一张可以无限复制的图片。显然这张图片本身不是价值所在，其背后的通证才是价值所在。通证是什么，通证就是区块链账本上记录的数字资产，比特币、以太币都是通证，且都有可交易的价格，谜恋猫其实就是"可视化通证"。比特币长什么样你看不到，因为所有比特币都是一样的，叫作同质化通证。谜恋猫是非同质化通证，每个都不一样，于是就可以为每一个通证赋予一个形象，使其成为可视化通证或数字资产。谜恋猫团队为这种新生事物定义了一个非常准确的概念，叫作"数字化稀缺商品和数字化藏品"。

图 8-22 谜恋猫

分析到这里，我们可以延伸一下，所有虚拟产品都是数字化的，或是文字，或是图片，或是声音，或是视频。这些虚拟产品如果应该被确权给某个人，是不是可以用通证化的方式实现？这样我们得到的就是可以听的通证、可以读的通证、可以看的通证。按照谜恋猫的逻辑，这种虚拟产品必须原生于链上才能成为通证化虚拟产品。所以接下来要做的是创造生产虚拟产品的基础设施。我们再看一个更符合虚拟产品通证化的例子——"加密艺术品"。

加密艺术品是在谜恋猫诞生后基于 ERC-721 协议诞生的另一个创新应用，这次离艺术价值更近了一步，图 8-23 是一张加密艺术品图片。

图 8-23 第一次晚餐

这看上去还有那么点艺术品的意思，但这不是用笔墨画的，而是用智能合约代码拼凑的，还是运行在区块链系统上的动态图像。这幅画由 22 张图层和主画布组成，分别以通证的方式归属于13 个艺术家，每个通证持有者都有权随时登录作品网站对自己拥有所有权的图层进行修改，比如改变颜色、位置、角度、纹理等等主画布艺术家规定的修改范围。图 8-24 就是其中一部分图层的原貌。

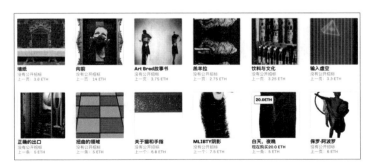

图 8-24 部分图层原貌

这样我们就看到一幅神奇的艺术品，每次有人修改了图层，整幅画的样子就会改变。这幅画一共有 313 亿种变化的可能，假如每一秒图层就变化一次，要不重复地遍历 313 亿张完整图片形态，大约需要近 1000 年。

这样一幅一辈子都看不完的画是不是一种艺术品呢？2020 年 2 月，这幅画的整幅所有权拍卖了 103.4 个以太币（价值 16 万元人民币）。后面的 22 个图层也分别拍卖出去，合计成交价 264.7 个以太币，这就是加密艺术品。我们可以随时登录这个艺术品网站——https://async.art/art/master/0x6c424c25e9f1fff9642cb5b7750b0db7312c29ad-0，看到它此时此刻的样子，并了解它当前的拥有者是谁。如果你想买下所有权，可直接在网页中填上你想出的价格，只要拥有者愿意出售，你就会变成拥有者。

加密艺术品也是通证的可视化，我们从谜恋猫和加密艺术品得到的启发足够颠覆三观。那可不可以把这个逻辑用到音乐、影视作品？可不可以在加密艺术品创作平台的基础上衍生出消费场景、娱乐场景？这种方式确权的虚拟产品是不是更高级的版权保护方式呢？是不是未来的虚拟产品生产方式呢？

这个领域给我们开启了巨大的想象空间。由于场景比较新，经验积累不足，我们还没办法展开通证经济模型的思考。

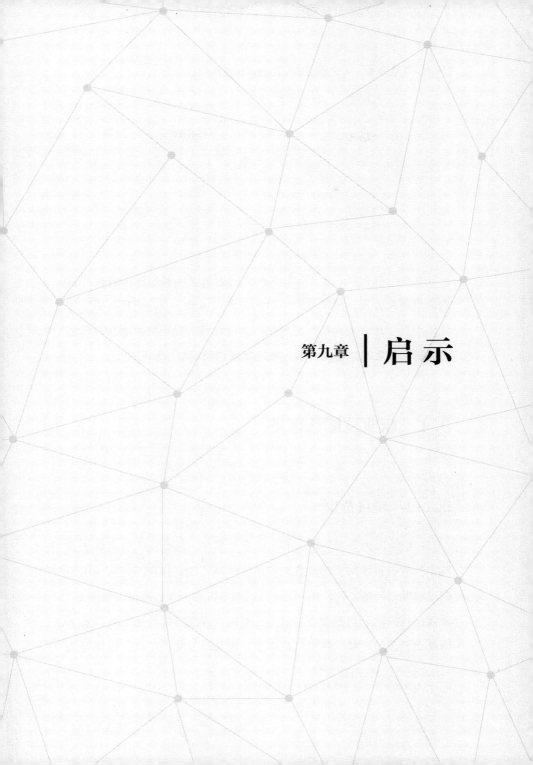

第九章 | 启 示

本章所有案例[①]均为作者本人原创的区块链和通证经济模型落地应用解决方案，所涉及的项目均为虚拟场景，不特指现实中任何具体项目。每个案例都只呈现我认为可与读者分享的关键信息和创新思维，以启发思考为目的，如需实践请与我洽谈版权事宜。

9.1 职业技能认证链

9.1.1 项目背景

在企业人力资源管理中有一个重要维度，就是从业资格认证。其中计算机技术岗位的从业资格认证体系，一直存在与现实应用匹配度较低的问题，基本无法满足各用人单位对人才标准的评价要求。通常比较大的公司都会有自己的一套岗位标准考核体系，有些采用国外知名公司比较成熟的认证体系，比如甲骨文、思科、微软等认

---

① 第 9 章共介绍了 9 个案例，分别对应 9.1 节至 9.9 节

证工程师考核。

对于技术人才和用人单位来讲，这是一个典型的信息不对称场景。用人单位希望应聘的人才能够提前预知本公司的上岗标准，技术人才也希望了解自己的能力水平符合哪个公司、哪个岗位的上岗标准。如果有一个平台能够提供内外部技术人才共享的用人单位上岗标准信息，对于用人单位和技术人才来讲，都是效率的有效提升。

另外，简历数据不完整、造假等问题一直是困扰人力资源行业的顽疾。根本原因是国家没有建立一套共享的唯一的简历信息库，本方案将运用区块链技术对企业和个人信息进行隐私保护，对个人职业历史数据进行不可篡改的永久保存。

9.1.2　解决方案

职业技能认证平台（见图9-1）是一个开放的互联网平台，面向所有技术公司提供岗位标准的导入、认证考核、员工评价、简历维护、职位信息管理等接口，帮助技术公司管理存量人才、储备潜在人才、优化人才结构、降低管理成本。基于去中心化属性，各技术公司发布到平台上的岗位标准和人才参与测评信息，都属于技术公司和人才自身所有，对于平台来讲都是不可见的加密信息。平台分为以下三个层次。

链上：记录认证标准、认证结果、使用痕迹，完成存证和溯源。

链下：中心化应用提供标准导入、在线认证、简历维护、技能培训、社交互动。

交易：负责角色激励和 token 交易。

图 9-1 职业技能认证场景解决方案

◎ 业务模式

解决方案的目标是通过应用区块链技术实现：建立技术标准动态认证体系，提高新技术人才识别能力和利用效率，适应高速发展的新技术冲击；让大数据、人工智能、物联网、区块链等新技术的出现，能够迅速形成人才标准和人才供给，无须等待高效学科设立、行业组织建设、成熟理论体系等滞后专业标准体系的形成；以用人单位的用人需求为标准快速推动自学成才者投入新兴技术领域的创新和产品开发上来；通过统一技能认证档案建设，杜绝假学历、假证书、假能力等名不副实现象。

（1）标准导入。所谓标准，是指用人单位自己制定的考核标准，由一套题库和评分标准构成。平台引导用人单位将自己的考核标准导入到系统，系统根据规则进行可视化处理形成考核入口，标准题库、考核结果都会写到链上。

除了用人单位自己的标准导入，第三方专业认证机构、行业权威、商业服务机构都可以制定考核题库和技能标准，导入平台后供技术人员选择参与。标准导入需要按年向平台支付管理费，管理费需要用平台发行的专用代币支付。

用人单位主要包括互联网行业、智能制造、物联网、人工智能、区块链等技术型企业和传统企业中的数字技术相关部门。

（2）标准执行。标准执行包括在线考试、在线评分、等级认定、链上存证等环节，技术人才线上选择自己需要的认证标准登录考试，取得考核结果认证，该结果会被标准制定单位所看到，并按内部标准纳入人才储备库。同一题库每 30 天可以免费考一次，超过一次需支付专用代币作为考试费。

（3）标准使用。平台是一个技术人才能力认证标准的聚合平台。

对于技术人才，可以提供丰富的自我认定机会，便于在应聘前知晓自身能力与目标岗位要求的差距，减少不必要的时间和金钱浪费。

对于用人单位，可以提前储备目标岗位人才，快速补充岗位空缺，降低人才流动性风险。

对于第三方服务机构，可以更精准地进行技术人才岗前培训和入职推荐，帮助用人单位提前培训好储备人才。

对于没有能力形成自己考核标准的用人单位，可以选择合适的其他用人单位标准作为本单位的入职条件，需向标准制定方支付一定数量专用代币作为标准使用费。

（4）人才招聘和管理。用人单位要招聘人才，可以从通过考核的人才库中筛选招募，直接进入面试。如有特殊需求，可通过平台发布附带加试题目的定向招聘邀约，更精准地寻找合适的人才。此过程显然是对传统招聘服务平台和猎头公司的颠覆，用人单位与人才实现最短路径沟通，省去中间费用和信息传递成本，也为在本平台招聘时使用悬赏激励等手段留出足够空间。

用人单位还可以把平台当作在职技术人员薪酬等级评定工具，定期进行线上考核，根据考核结果对工资等级进行相应调整，使薪酬管理更公平、更高效。

（5）技能档案维护。当技术人才首次登录注册平台，即在平台形成一个链上职业技能档案账本。平台会授予用户一个私钥来管理自己的技能档案。之后用户在平台的每次考核信息都会加密记录在档案中，没有用户的私钥，任何人都无法查看档案。每个标准制定单位只能看到用户参与本单位标准考核的考核结果，并不知晓其他信息。

当一个技术人才被某个用人单位录取，他可以将档案的维护权开放给用人单位，之后用人单位可以将该员工的重要工作经历、职级晋升、岗位变动等信息维护到链上档案中。如员工离职，档案维护权就会被收回，原用人单位无权继续参与修改。

这样一套模式运行下来，我们就得到了一套多人维护的职业技能档案，也就是职业技术人才的唯一简历。今后不会再出现无数个版本的简历在无数个单位和中介机构被复制和贩卖的情况。这虽然只能解决部分技术人才和用人单位的问题，但也是一个很大的进步。

◎ 通证经济模型

平台发行专用代币，作为生态场景激励和流通工具。专用代币的激励和使用规则见表 9-1 和表 9-2。

表 9-1　专用代币的激励规则

激励目标	激励规则	激励对象	执行方式
用户注册	新增、转介绍；奖励前 10,000 人	用户推荐人	平台发放
有效上岗	按月；互动验证有效	用户	智能合约
勋章奖励	按月；等级越高，奖励越多	用户	智能合约
签约上岗	按人次；真实签约，公开验证	用人单位用户	智能合约
岗位数据公开	新增数量；脱敏加密数据	用人单位	智能合约

表 9-2　专用代币使用场景和收入分配规则

使用场景	收入来源	支出人	收入分配比例
岗位悬赏	按人预存悬赏金	用人单位	人才 80％，平台 20％，用人单位和培训机构不分配
认证考试	按次付费	申请人	人才不分配，平台 100％，用人单位和培训机构不分配
见证锁定	按机构数付费	培训机构	人才、平台和用人单位不分配，培训机构 100％
岗位代培失败	按人付费	培训机构	人才不分配，平台 10％，用人单位 60％，培训机构 30％
岗位代培成功	按人付费	用人单位	人才不分配，平台 10％，用人单位不分配，培训机构 90％

使用场景	收入来源	支出人	收入分配比例
岗位竞争	用人单位自定义	申请人	人才不分配，平台20%，用人单位80%，培训机构不分配

（1）岗位悬赏。对于一些关键性或特殊的职位，用人方可以选择以非公开的方式悬赏发布，需支付一定数量的专用代币交由智能合约锁定，如果应聘者成功入职，悬赏金80%归应聘者，20%归平台。

（2）见证锁定。培训方需提供必要的身份信息，并映射到区块链上创建数字身份。拥有数字身份后，可作为见证节点参与链上治理和决策。这需要锁定一定数量的专用代币。

（3）岗位代培。培训方可以与相应的岗位或者用人方签订对赌协议，预约公开招聘的岗位或提前约定岗位额度，相应地，需支付一定数量的专用代币交由智能合约锁定，完成可获得全部用人单位奖励，失败损失90%保证金给用人单位和平台。

（4）岗位竞争。任何个人均有资格通过应用端付费观察在职岗位信息。针对自己能够胜任的岗位，可发出竞争岗位申请，用人单位可选择对部分或全部岗位有偿开放。一方面激励在岗人员保持和提升个人竞争力，另一方面吸引外部更有价值的人才替换现有岗位人才。个人支付的专用代币由用人单位和平台按比例分配。

职业技能认证链颠覆了传统人才招聘、考核、管理模式，有效降低了各个环节的交易成本，对人才服务和标准管理行业具有重要启示性。

9.2　普洱链

9.2.1　项目背景

　　普洱茶的价值被百姓认可是从 2000 年之后才逐渐形成的。据统计，2004 年我国普洱茶年产量仅有 4 万吨，2005 年突然上升到 5.2 万吨，之后一路上涨直到 2018 年，年产量已达到 17.2 万吨。产量的不断上升首先是市场需求推动的结果，同时也是由于价格不断高涨的诱惑。但是在市场流通领域，普洱茶始终无法成为大众消费的品种。据统计，中国有大约 6 亿人喝茶，其中只有 4000 万人喝普洱茶，仅占比 6%。为什么喝普洱茶的人很少，一个很重要的原因是普洱茶的价格跨度很大，普通人无法区分其价格是否与真实价值相符，因此在流通市场中很难实现陌生人之间的交易，通常需要通过熟人推荐才敢出手购买普洱茶。

　　一方面普洱茶的确存在较大价格差异，另一方面我们从茶饼和包装上又很难对价值进行区分，这就形成严重的信息不对称。尽管很多商家尝试用各种防伪技术来解决品质证明问题，但是商家自身的品牌打造能力往往不尽如人意，多年来行业中真正形成可信品牌的普洱茶凤毛麟角。所以，在普洱茶市场发展过程中，如果不解决品质保证和品牌塑造问题，想要实现普洱茶大规模商业化流通，把消费者群体扩大到陌生人群体、非专业人群是一个无解的难题。

　　基于这样的市场认知，我们思考运用物联网、区块链和通证经济等新技术和新理念，以技术手段解决普洱茶流通交易中的可信数据问题。让产地品牌商有机会形成自己的可信品牌，让每一饼普洱茶通过数字化技术，自己就能证明自己是拥有什么价值的普洱茶，而不是靠专家鉴定和朋友推荐。一旦普洱茶数字化建设得到成功应用，可以想象，以前不敢购买或不懂如何鉴别普洱茶的消费者，都可以买到放心的普洱茶，这必将使普洱茶消费出现新的井喷式增长。

9.2.2 解决方案

◎ 商业模式

普洱链商业模式（见图9-2）引入物联网硬件和区块链技术，充分体现新技术赋能新经济的创新趋势，尤其是在区块链技术应用和资产数字化等领域走在行业前列。

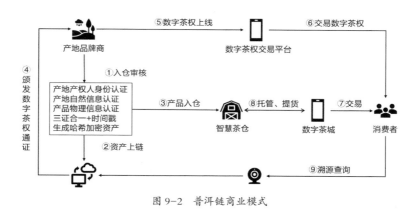

图9-2 普洱链商业模式

（1）资产上链。普洱链的宗旨是解决茶的溯源和交易流通问题。我们首先要实现的是普洱茶资产数字化，也就是上链的技术问题。

利用区块链技术我们将产地产权人身份、产地自然信息、产品物理信息三大核心要素分别进行哈希加密，再与时间戳合并哈希加密形成固化信息，记录在分布式账本中。然后将每个产品信息授予独立身份通证（存证证书），确权给产权人形成加密数字资产。持有资产通证即等于持有资产本身。我们把这一过程称为资产上链。

（2）智能茶座。完成茶产品资产上链后，我们还需要一个可以实时检验茶产品真伪和要素信息的工具，通常是采用开发区块链浏览器的形式，通过互联网手工录入查询。我们基于普洱茶的特点专门开发了智能茶座形式的区块链浏览器，用户只需将茶饼放置在智能茶座上，即可显示出该茶饼的链上信息以及溯源、市场估价、产权人等重要信息。同时我们在通证经济模型设计中为智能茶座赋予了挖矿功能，用户只需将茶饼放置在智能茶座上，系统就会根据茶饼的估值进行通证奖励。今后智能茶座将成为每个饮茶场所和收藏家庭的必备硬件。

（3）智慧茶仓。众所周知，普洱茶具有收藏价值，通常每多存储一年就会有15%—25%的增值，这使得很多消费者买到茶后都有存储需求。我们的智慧茶仓除了为消费者提供托管存储服务外，还具有数字化远程监管、虚拟交易等特殊功能。同时我们通过智慧茶仓将产品从源头直接送到消费者手中，杜绝各类中间商参与，可以更好地保证产品品质。

（4）数字茶城。数字茶城是普洱链系统的用户端SaaS平台，提供产地品牌商产品上链、消费者合伙人开店经营、积分激励记账等功能，以小程序形式呈现。

我们为每个想开一家线上普洱茶销售门店的用户，提供一套个性化门店装修方案，生成各具特色的数字茶城门店，SaaS 平台提供大量皮肤和组件，用户可以自己装扮自己的数字茶城。这种游戏化场景更能满足用户拥有自己个性化茶园的诉求。当用户向朋友推荐自己的数字茶城时，用户感受到的就是店主自己的数字茶城门店。

（5）数字茶权交易平台。数字茶权交易平台是与数字茶城平行且互通的小程序，同时拥有 App 版本，可提供产品托管、茶权交易、通证充值提现、积分激励记账、积分挖矿、智能茶座管理等功能。数字茶权交易平台可实现茶权数字资产的交易，可以与区块链系统映射，实现区块链数字资产与中心化 App 应用的链接。

◎ **通证经济模型**

普洱链通证经济模型融合传统经济学激励相容策略和区块链共识机制优势，既有精准高效的激励机制设计，又有充分必要的应用场景设计，使通证可在生态中循环流通并始终处于适度稀缺状态，确保每个利益相关者都可以从持有通证中获益。

（1）通证定义和产出。本项目会产生两种通证：一种是锚定经营权、参与权的可拆分专用数字资产通证，名为 TT；另一种是锚定茶产品的不可拆分"茶权"数字资产通证，匹配每一饼普洱茶产生，与茶同名，可代表茶的所有权以数字形态流通交易。

关于承载通证服务和记账服务的基础设施，我们通过自建联盟链实现，技术上参考国内成熟的开源公链执行，关键节点包括平台商、智慧茶仓、原产地政府监管机构，自由节点由原产地茶场、茶农构成。

（2）如何获得通证。我们通常把获得通证的方式称为挖矿。普洱链设计获得通证的方式包括销售激励和积分兑换两类，目的是有效激励用户积极参与并为用户创造超额回报。

1）销售激励。销售激励是针对销售行为的直接激励，系统开发有数字茶城客户端软件，提供给愿意通过平台开店经营原产地普洱茶的用户，这些用户我们称为消费者合伙人。消费者合伙人通过数字茶城完成销售，系统按销售额的10%奖励相应数量TT给店主。这种TT产出与销售行为绑定，按计划激励目标设定总额，比如是1000亿个交易规模，TT产出总量即为10亿个，达到之后不再奖励。

2）积分兑换。积分兑换是指系统先以积分形式奖励用户行为，再根据可分配TT规模进行奖励的方式。积分奖励规则见表9-3。

表9-3　普洱链积分奖励规则

激励行为	激励规则	激励对象	每日计算
购买产品	按单笔交易额	消费者	金额×0.1
开店	按数量，需两款以上产品上架	店主：推荐人	100:100×数量
新用户注册	按数量，绑定手机新用户	新用户：推荐人	10:20×数量
店铺粉丝增长	按数量，当日新增粉丝数量	店主	1×数量
链上展示	以茶座展示的茶饼估值为依据	茶座绑定用户	估值×0.003

积分按日计算积累，每月自动兑换一次 TT，兑换后自动清零。其中"链上展示"是指用户购买"智能茶座"后将茶饼放置在茶座上，即为链上展示行为，系统根据所放置的茶饼价值给予积分奖励。

用户获得积分后可在每月的兑换活动中，将积分兑换成 TT，兑换所需 TT 来自上月系统收回 TT 的 30% 部分。积分挖矿奖励算法为：

本月单个积分奖励TT数量=上月TT收回总量×0.3/上月全网发出积分总量

通过积分挖矿获得的 TT 初始状态为锁仓，解锁方式有两种。一是通过赠送他人解锁，系统规定赠送出去多少解锁多少。比如，账户有 100 个积分挖矿所得 TT，如赠送给他人 30 个，则账户剩余 70 个，其中已解锁 30 个，未解锁部分可继续赠送、继续解锁。二是通过后续积分挖矿奖励解锁，奖励多少解锁多少。比如，账户有 100 个积分挖矿所得 TT 处于锁定状态，如果下个月积分挖矿分配时获得 130 个 TT 奖励，那么账户中的 100 个 TT 可以全部解锁，如果下个月只有 50 个 TT 奖励，那么只能解锁 50 个之前锁定的 TT。新获得的 TT 奖励仍然处于锁定状态。

用户收到他人赠送的 TT 视同首次积分挖矿所得，即处于锁定状态，需要通过上述两种解锁方式解锁。

（3）TT 应用场景。TT 是普洱链生态创造的信任工具，除了用于奖励各利益相关者行为，还可用于如表 9-4 所示的应用场景。

表 9-4　TT 应用场景

使用人	使用对象	使用项目
产地品牌商	茶链系统	产品溯源上链费
数字茶园合伙人	产地品牌商	销售代理资格质押 销售权买断费
消费者	智慧茶仓 数字茶园	托管费 茶通证交易手续费

1）产品溯源上链费。产地品牌商每上链一饼普洱茶需缴纳相当于产品销售定价 10% 的上链费。以 TT 为支付工具，上链费采取先销售后结算方式支付，即通过数字茶城收到销售款项后，平台按实时 TT 市场价格换算成应收数量，从品牌商 TT 保证金账户中自动扣除。

2）销售代理资格质押。消费者合伙人申请开店经营"茶权"数字资产，需要锁仓一定数量的 TT 获取经营资格，具体数量由数字茶城平台规定，产品下架后，锁仓部分自动解除。

3）销售权买断费。由于所有消费者合伙人均可共享产品货源，所以可能会出现供不应求现象。数字茶城提供指定产品按时间买断销售权功能，需使用 TT 支付买断费。买断期内其他人不能销售该产品，通证消耗完系统自动开放销售权。买断费由平台定价，收入由产地品牌商和数字茶城平台各按 50% 分配。

4）托管费。消费者购买产品后可以选择委托保管，按时间支付托管费，托管费由智慧茶仓收取。

5）"茶权"交易手续费。"茶权"数字资产可在平台自由交易，每次交易双方需分别向平台支付交易金额的 0.5% 作为手续费，交易币种为法定货币，交易手续费以 TT 支付，交易手续费由数字茶城平台收取。

6）通证回收和二次分配。在通证经济模型设计中有系统收回动作，当茶产品被消费者购买并支付全款后，产地品牌商需支付 10% 的 TT 上链费，该部分通证由系统收取，并进行二次分配。其中 50% 自动销毁形成硬通缩；30% 用于积分挖矿兑换，每月进行一次；20% 用于活动奖励，这部分活动奖励由数字茶城负责管理和使用，通过每月不同场景的游戏、拼团、抽奖、养成等趣味活动回馈平台用户。

（4）通证增值机制。TT 是平台内部专用通证，我们在 TT 的获得和场景设计中设置了诸多变量。通过对这些变量合理配置，在总量固定的前提下，我们以维持适当幅度供不应求状态为目标，实现价值稳定提升。比如调整开店保证金、经营权买断和促进交易活跃度等维度。

普洱链是区块链赋能原产地产品的一次全案设计，对于同类场景具有很好的启示作用。

9.3 轮胎链

9.3.1 项目背景

中国商用车年平均消耗轮胎 2.5 亿条，年消费金额 3000 亿元人民币，大量的旧轮胎亟待处理。国际上新轮胎与翻新轮胎产量比约为 10∶1，工业化先进国家可达 5∶1 以上。我国新轮胎与翻新轮胎比约为 28∶1，低于世界水平，更低于发达国家水平。按每条新轮胎与翻新轮胎消耗与效益比（平均计算），如果不翻新每条轮胎会损失 200 元，每年约损失 20 亿元—50 亿元人民币。有些发达国家废旧轮胎利用率高达 70%—80%，而我国的废旧轮胎利用率只有 20%，也就是说，还有很大一部分资源没有被利用，数以千万条轮胎不翻新，除在资源上造成巨大浪费外，还对环境污染造成严重后果。

但是，目前我国国产轮胎的质量普遍较差，有翻新价值的胎体数量有限，导致整个旧轮胎翻新行业难以发展，翻新状况与发达国家相比存在很大差距。提升轮胎翻新率需要从胎体保养、用户认知等多个角度做出改变，特别是胎体保养是决定性因素。目前国内轮胎使用者普遍缺乏正确的轮胎使用常识，提升轮胎翻新率与可翻新胎体之间存在一个巨大的鸿沟。

另外，行业中部分小企业依靠落后的生产技术和工艺，采取低成本、低价格、低附加值和高能耗、高排放的粗放式生产经营方式，对市场秩序形成冲击，对资源与环境造成灾难性破坏。轮胎翻新企业鱼龙混杂，市场秩序较为混乱，消费者对翻新轮胎的信任度很低，很多人提到翻新轮胎，就认为是"残次品"。

因此国有大型轮胎企业目前对市场还持观望态度，不敢贸然涉足，而小企业很多翻新的轮胎产品质量不过关，使用这些产品容易造成交通事故。由于历史和客观的原因，以及一些政策措施的缺失，仍有相当数量的小规模企业游离于市场监管之外，处于自由发展态势。他们技术装备落后，生产水平低下，产品质量得不到保障，甚至生产假冒伪劣产品，严重损害行业整体形象。

所以轮胎翻新行业需要一个有效的解决方案，扭转市场乱象，切实提升我国轮胎使用率，为运输企业降本增效、为环境保护降低压力。

9.3.2 解决方案

◎ 业务模式

本方案以提升轮胎翻新率为最终目的，进而实现节能环保、安全行驶的社会价值。要实现这一目的，我们的切入点是建立一个智能化轮胎数据管理体系（见图9-3），以轮胎大数据服务公司为主体，通过区块链技术与物联网、大数据技术相结合，推动数字轮胎快速普及。通过平台赋能，将现有轮胎销售行业转型升级为轮胎租赁服务商。让轮胎租赁成为一个新兴业态，借助平台提供的数字轮胎技术和轮胎使用全生命周期管理，使轮胎翻新企业获得更多合格轮胎资源，提升我国轮胎翻新率，同时为轮胎租赁服务商（以下简称"服务商"）、车主和司机带来商业利益。

为了应对轮胎翻新市场存在的问题，轮胎链将建立一个数字化轮胎在线管理平台，配合线下轮胎租赁服务体系形成新的商业场景。我们通过为轮胎加装物联网硬件使轮胎实现数字化，数字化轮胎涉及软硬件包括轮胎信息采集组件和轮胎数据管理系统。

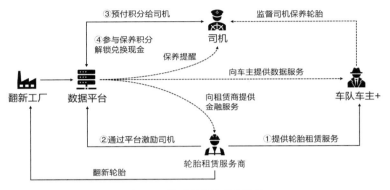

图 9-3 轮胎链创新商业模式

业务流程以服务商为起点，服务商与用户达成轮胎租赁合作，用户支付租赁费；服务商鼓励司机通过 App 绑定轮胎参与轮胎保养，并为每个轮胎储备一笔奖励金；司机履行保养动作即可获得服务商的奖励；数据平台为司机、服务商和用户提供数据共享，及时提醒司机保养轮胎，并负责数据统计和奖励金发放。

（1）数据平台。数据平台由中央指挥系统和移动端组成，完成数据集成和可视化，基于算法实现数据分配和统计。作为数据收集、分类、处理和存储中心，数据平台可以实时显示所有"数字轮胎"状态，并对终端用户轮胎使用情况进行监督预警，及时对需要保养的轮胎下发提醒。数据平台可以为服务商、司机、用户、轮胎翻新厂、监管部门、交通管理部门、政府部门、环境管理部门、汽车后市场企业等提供数据服务接口。数据平台还是服务商与司机端、投资人之间的交易结算处理平台，负责资金管理和分配，以确保对司机的奖励资金来源可控。

（2）服务商。服务商是我们打造的行业生态新成员，提供轮胎租赁和维护保养服务。服务商主要从传统轮胎经销商升级而来。鉴于轮胎销售市场竞争激烈、销售增长乏力，轮胎租赁服务将会创造新的盈利模式，这一新业态的存在必须依赖轮胎数据化和在线化升级。服务商是数据平台实现轮胎数据化的中间渠道，负责将物联网硬件推广到用户手中，帮助用户将轮胎上链；负责帮助司机下载使用终端 App 获取保养奖励金。服务商与用户之间建立轮胎租赁服务关系，通过数据管理和奖励金激励，使司机主动保养轮胎进而达到用户公司总体油耗下降，运输安全系数提升，实现经济价值。服务商是轮胎的产权人，借助数据平台提供的基础设施为用户提供轮胎租赁服务，通过有效跟踪监管轮胎使用状况、激励司机主动保养轮胎、垄断租赁客户轮胎翻新业务、延长轮胎使用寿命以获取持续稳定的租金收入。

（3）司机。司机是轮胎管理的关键角色，在开始使用数据平台终端时可选择自己管理的轮胎进行扫码登记。每登记一条轮胎，即可获得该轮胎参与管理权；同一条轮胎可被多个司机登记。司机每一次轮胎保养动作均会记录在该轮胎的区块链账簿中，当一条轮胎成功翻新时，数据平台系统会将翻新收益的一部分按照每个司机的保养贡献进行奖励分配。

司机原本没有动力和积极性配合车主保养轮胎，导致油耗和轮胎寿命问题严重。在新的模式下，一方面，司机可以通过保养轮胎获得额外现金收益，在追求个人利益的同时为公司和服务商创造了价值。另一方面，数据平台系统提供轮胎租赁众筹业务，司机可以参与众筹，将车主的轮胎变成自己投资的产品，通过自己的保养，延长轮胎的使用寿命以获得更多租金投资收益。

（4）车队车主。车队车主可通过软件掌握轮胎使用情况，监督司机保养行为。车队车主应与服务商签订轮胎租赁服务协议，缴纳一定比例保证金，并按约定支付租金。以租赁方式使用轮胎可以获得四个好处：一是利用新技术辅助轮胎维护和管理工作，通过持续稳定的胎压状态实现节油收益；二是降低轮胎使用成本，增加流动资金，提高资金利用率；三是降低车辆故障频次，提高运营效率；四是借助区块链激励手段提升司机工作积极性，建立良好的雇佣关系。

（5）投资人。投资人是第三方参与者，包括银行金融机构、个人投资者（以司机群体为主）和轮胎代理商。服务商在提供租赁服务过程中，需要大量购买轮胎和智能硬件，当出现资金紧张时可以通过数据平台提供的众筹服务获得投资人的资金，并将轮胎租赁收益的一部分转让给投资人。由于使用区块链技术和轮胎数字化，所以我们可以实现以单个轮胎为单位的定向投资和实时收益分配。

（6）轮胎区块链系统。轮胎区块链系统负责为每条轮胎建立数字身份并与司机、用户、服务商、投资人建立对应关系，将轮胎使用过程中的所有数据安全存储在分布式存储体系中，确保数据不可篡改，同时建立一套通证积分体系为生态提供激励约束工具。

◎ 轮胎通证化

轮胎是一种实物产品，我们讨论过实物产品通证化概念，轮胎要实现通证化必须先解决唯一性物理身份数字化问题。我们目前选择的数字化方式是使用特制传感器模块加 RFID 标签的方式。轮胎内置传感设备，可以及时测量胎压和胎温，并将数据向系统进行反馈，相当于为每个轮胎配备了一个数据收集和发射器，将轮胎使用状态和位置信息数字化并上链，经过平台分类、加密处理后在链上进行分布式存储。

（1）智能硬件。通过轮胎胎体内置感应器（能实时监测轮位的温度和压力信号，同时可识别轮胎是否存在高温、漏气、爆胎、信号丢失等行为，异常数据实时触发报警，实现 10 秒级的反应灵敏度）的方式收集动态数据；每辆车配备一个管理终端（集成了 TPMS、GPS、GPRS、RFID 等功能，实现胎温、胎压、轮胎 ID、牵引车与挂车定位和里程数据、牵引车与挂车身份识别、电流电压信号等，并通过 4G 网络实现数据的实时上传），该车所有轮胎通过蓝牙连接的方式与车辆形成绑定关系。完成硬件安装后，即轮胎信息上链绑定，形成轮胎终身唯一、有源电子胎号。

（2）轮胎的激活。轮胎服务商通过手机 NFC 接触车内管理终端二维码，唤醒上链胎体功能，触动主动上报数据机制。

（3）数据的收集、上报和接收。车辆行驶及轮胎状况数据通过终端进行实时上传。数据管理平台通过独有算法，有效排除错误报警，并将预警数据精准分发到车辆终端管理平台，提醒车辆使用者及时对轮胎进行保养，便于轮胎管理及延长传感器使用寿命。

轮胎上链后会生成独一无二的身份通证，身份通证属于不可拆分通证，在区块链账本中记载轮胎使用记录和过程数据，有胎体追溯、数据分析、使用权转移、价值兑现等作用。

◎ 通证经济模型

在数据场景中必然产生大量的数据资产，我们基于区块链技术打造的平台可以为数据确权，并建立一种交易体系，为了在我们的数据平台上顺利交易我们的数据资产，我们需要一个基于智能合约的数字通证来作为交易工具，我们定名为 DTMT。

DTMT 是一种专用代币，由轮胎区块链系统发行，仅在本生态应用中使用，不支持场外交易，通过对服务商、用户和司机行为进行数字化表达来发行。用于系统收取上链费和数据需求方向平台请求数据等场景使用。

（1）服务商激励规则。服务商向数据平台采购智能硬件和 RFID 标签，数据平台通过轮胎区块链系统向服务商赠送一定数量 DTMT 作为奖励，服务商可将积分作为支付轮胎上链费的初始资源，DTMT 可分配总量规划为 3 亿个，送完为止，具体赠送方案见表 9-5。

表 9-5　DTMT 赠送方案

赠送批次	DTMT释放数量	每个标签赠送	对应轮胎数量
第一阶段	500万	10	50万
第二阶段	1000万	5	200万
常态阶段1	14250万	2.5	5700万
常态阶段2	7125万	1.25	5700万
……	……	……	……
常态阶段n	n/2	n/2	5700万

注：从常态阶段开始，剩余可分配 DTMT 消耗 50% 时，赠送数量也减半，保证每个阶段支持 5700 万个轮胎，换个角度计算，每增加 5700 万个轮胎上链，奖励减半。

（2）轮胎保养挖矿。DTMT 除了奖励服务商推广行为，还会以轮胎为单位，向轮胎使用者进行激励。这部分激励将采取总量减半、激励减半的方式进行，即以初始确定的奖励单位为标准，当 DTMT 总量消耗 50% 时，自动将激励标准减少 50%，初始激励标准参考表 9–6。

表9–6　轮胎使用者初始激励标准

激励事项	激励方式	奖励数量	激励对象
轮胎绑定	首次绑定	1个	绑定人（可多人绑定）
预警保养	执行保养动作	1个	执行人
	向执行人发出提醒	0.2个	提醒人
轮胎翻新	单个轮胎翻新一次	1个	服务商

（3）上链费计算方式。上链费是指服务商向轮胎区块链系统交付的轮胎上链费用，系统收到上链费即可为智能硬件提供一个身份 ID 和账本空间，将服务商、司机、投资人与智能硬件之间的使用关系和数据记录在账本上，实现规划功能。上链费需要使用系统发行的 DTMT 支付，上链费计算依据需与系统规划的销毁节奏对应。我们计划每年销毁流通总量 15% 的 DTMT，按此标准，我们规定上链费等于当期每个轮胎对应奖励 DTMT 的 15%。

（4）供需关系正反馈机制。DTMT 在产出总量不变的前提下通过收取上链费并销毁，使流通量随数字轮胎市场占有率上升而逐步减少。当一个系统中有稳定持续的需求，而供给逐步减少时，通常就会导致系统存量的价值增长。（见图 9–4）。

图 9-4　DTMT 循环系统

在这个循环系统中，轮胎租赁服务商要获得轮胎数据管理权实现租赁收益，需要向轮胎区块链系统支付轮胎上链费，这会产生DTMT 消耗；系统收到 DTMT 会直接销毁；根据保养挖矿规则，司机会因为积极参与保养轮胎获得系统自动给出的 DTMT 奖励；司机得到的 DTMT 又可以转售给服务商，获得现金或其他形式的回报；服务商再去支付上链费使更多轮胎上链。如此形成增强回路，这个系统模型中服务商的市场拓展是增强回路的正反馈变量。

轮胎链是制造＋流通＋用户的产业区块链应用场景，对实体产业开辟新赛道跳出原有竞争模式具有启示作用。

9.4　合同能源服务链

9.4.1　项目背景

本项目服务场景是合同能源管理行业。合同能源管理是以设计、生产、销售节能设备为主的行业，通常生产商是先行承担设备制造成本，免费部署给客户，根据实际节能效果按月收取节能奖励，管理时间为 5—10 年，到期后设备送给客户。此类服务属于后收费模式，这种模式的综合收益较传统先款后货模式收益高，但回款周期长、资金压力较大。政府和金融机构一直有针对合同能源管理行业的支持贷款政策，可在实际落地过程中存在较多问题。为了解决资金问题，快速提高产品市场占有率，迫切需要一种切实可行的技术和商业模式解决方案。

9.4.2 解决方案

成立一家新公司，使用区块链技术以代理商为节点建一条生态公链，把节能设备和节能数据上链，发行一种数字通证，把代理商角色激励起来，引入同行业生产者和代理商共同使用数字通证，提升通证价值属性，为整个生态赋能。每一个设备生产商都是一个子链，可在生态公链上发行自己的设备通证。

◎ 业务模式

节能生态公链（见图 9-5）的主要参与者包括节能设备制造商、设备用户、代理商等。公链通过管理节能合同实现对节能成果的数据采集和管理，同时根据节能成果激励节能设备制造商、代理商、用户等参与者。

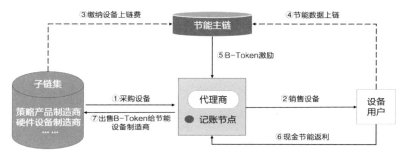

图 9-5　节能生态公链示意图

（1）代理商（也是记账节点）向节能设备制造商（子链集）支付全款采购节能设备。

（2）代理商将节能设备销售部署到设备用户。

（3）节能设备制造商将收到设备款中的一定比例用来购买B-Token，用于向主链支付设备上链费，确保设备信息上链并与代理商身份绑定，授予A-Token（代表设备与合同权益的通证标识）给对应代理商。

（4）节能主链根据上链节能设备使用数据向代理商激励B-Token。

（5）设备用户按合同约定定期支付节能奖励金给节能设备制造商，制造商按约定分配给代理商。

（6）代理商可将节能挖矿积累的B-Token出售给节能设备制造商获取第二种收益。

◎ **通证经济模型**

项目中引进通证模型的设计，核心意义是激励代理商的积极性，创造第二种价值来源。这一价值的产生是与节能设备得到广泛应用、创造节能价值直接相关的，并非凭空制造的泡沫价值。

A-Token 是每一台节能设备的身份标识，代表设备的同时，也代表一份正在执行的节能合同，通过数据上链将设备节能信息数据与代理商有效关联，计算代理商的贡献。一台设备在合同到期前可以持续得到用户的节能奖励，是具备可计算残值的资产。当这一资产被通证化即具备可确权、可定价、可流通属性，我们用 B-Token 来为这个残值定价。B-Token 是为 A-Token 残值定价的专用代币，发行总量恒定，可在平台内用于向主链系统支付上链费，也用于购买有残值的 A-Token。

B-Token 的获得方式主要是设备运行过程中的定向奖励，通证循环机制如图 9-6 所示。

图 9-6　B-Token 循环机制

这一方案的有效性受两个变量影响：一是节能设备市场空间可以维持多久的增长，二是能否撬动行业设备制造商积极参与共同使用这条生态公链和通证体系。假设这两个条件都满足，我们可以预期本项目模型可以达到以下几个效果。

（1）节能设备制造商可以提前收回资金，解决垫付资金紧张和市场拓展问题。

（2）代理商虽然要先行支付全款，但通常代理商都是基于先有客户资源才能参与到代理商角色中来的，如果把这个行为当投资理财，这个 5 年期理财通常会有 2—3 倍的收益率，远高于传统投资产品且风险很小。除此之外，还会得到通证奖励带来的额外收益。

（3）通证增值是本项目的关键模式设计。基于通证发行总量固定，当系统收取上链费时会直接销毁，由此会造成通证的通缩，当可流通通证减少时，通证的购买力就会提升，这点我们在讲解通证增值原理时已经介绍过。所以当一个系统中有回收逻辑，剩下的就是解决需求的可持续问题。这个模型系统中设备销售增长率是正反馈机制的核心变量：

销售量增加→上链费需求增大→系统销毁量增加→可流通的通证减少→对应单位设备所需要的通证减少→代理商手中的通证购买力提升→通证换取的现金收益增加。

合同能源服务链是个相对特殊的行业，其商业模式本身就很有创新性，对于很多竞争激烈的行业，先服务后收费的模式可能会带来新的机会。但这种商业模式的弊端也是非常明显的，我们在此尝试用区块链赋能的方式为行业从业者提供有益的启示。

9.5 共享别墅链

9.5.1 项目背景

如果把城市自助出租公寓比作快捷酒店、景区民宿出租房屋比作四星级酒店，共享别墅服务就等同于五星级酒店。当前国内城市公寓、景区民宿等产品硬件和服务品质基本能够达到相应级别酒店水平，但别墅类短租产品距离五星级酒店的感受还有很大差距。主要原因在于，别墅类产品不同于普通住宅，业主通常不能亲自打理出租事宜，需要专业的第三方服务机构提供专业化高品质的综合服务。虽然共享经济主张 P2P 的服务模式，但是具体情况还要具体分析。别墅产品的专业化服务机构至关重要，一个优秀的短租服务团队必须有科学完善的服务体系，从业主到管家、从用户到平台、从设计到装修，能够通过短租服务公司有效衔接在一起，能够为用户提供高品质、标准化的服务，以及多样性、有创意的硬件设施。由于别墅短租服务刚刚出现，能够提供第三方服务的机构非常有限，因此搭建一个服务平台推动高端休闲住宿极具商业价值。

9.5.2 解决方案

◎ 业务模式

我们运用区块链技术搭建的 GLS-X 底层协议，就是为这些优质服务商提供一个更广阔的发展平台，将所有利益相关者通过积分管理机制连接在一起，将各类权益资产货币化后以积分形式在前端应用软件交易流通。共享别墅的商业模式涉及以下几个参与主体。

短租服务商：负责收集闲置别墅资源，签订长租合同，负责别墅装修和风格设计的服务机构。

职业管家：是专业负责别墅管家服务、客户积分兑换、别墅服务内容植入的专职从业者，由短租服务商处提供必要的培训和职业管理。

客户：是通过平台搜索预定短租房源的普通客户。一旦注册成为平台用户，即可获得积分奖励和使用权利，可通过平台和 DApp 与职业管家进行积分兑换，享受积分消费优惠政策。

投资人：投资人可在平台上线初期参与，也可在平台运营阶段参与，为各个用户主体提供资金融通服务。融资方式可以是现金或积分，融资风控手段可以是积分质押或权益质押。

解决方案具体流程如图 9-7 所示。

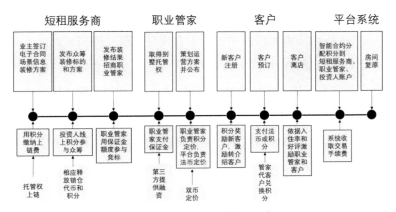

图 9-7　别墅短租场景解决方案

（1）短租服务商与业主在平台签订长租电子合同。

（2）别墅场景、长租合同信息上链，缴纳上链费取得托管权。

（3）短租服务商发布众筹标的向投资人募集别墅装修资金。

（4）短租服务商装修别墅完工场景信息上链，在平台开放托管权。

（5）职业管家信息上链，在平台上竞标别墅托管权。

（6）职业管家缴纳信用保证金取得托管权。

（7）职业管家入住别墅策划经营方案。

（8）职业管家通过平台发布别墅租赁服务产品。

（9）客户信息上链通过平台预订，缴纳房租到平台。

（10）客户入住，管家服务。

（11）客户离店，对职业管家进行评价。

（12）职业管家打理房间，再次开放。

（13）智能合约对短租服务商、职业管家、投资人进行结算。

与传统酒店民宿不同，共享别墅有以下几点创新。

（1）在传统商业模式中，业主直接将房源上传到平台，等待客户下订单，新商业模式引入职业管家角色，由职业管家对房屋进行个性化产品包装，形成个性化且更综合的服务内容提供给客户，提升客户体验，这是介于民宿和酒店之间的新服务形态。

（2）在传统商业模式中，业主自己装修房屋，若未装修则无法上线运营。在新商业模式中，短租服务商负责装修管理，解决了毛坯房别墅上线运营的难题，使更多房源可以供客户选择。

（3）在传统商业模式中，只有一种交易模式，就是法定货币交易，而且必须通过第三方支付平台完成支付，交易效率低、交易成本高，且存在短租服务商形成资金池、滥用资金池风险。在新商业模式中，增加积分交易手段，并用区块链技术实现智能合约管理，交易过程实现即时清算、实时到账，短租服务商、职业管家、投资人均可在客户退房时同步完成利益分配，确保交易安全性和效率。

（4）在传统商业模式中，短租服务商需要预支房租、装修费用，职业管家需要交纳保证金，客户需要交纳定金才能完成整个产品的交付和体验，各方均受资金流动性制约。在新商业模式中，将业主的出租收益权、职业管家的运营收益权、客户的短租体验权等权益资产货币化，短租服务商用积分兑换的方式取得，积分管理运用区块链经济模型设计具备一定投资属性，使交易能够在没有资金推动的前提下顺利达成。

（5）我们还可以在平台生态中植入金融服务，将数字资产质押、权益质押、个人信用融资等产品融入商业模式。

◎ **通证经济模型**

通证经济模型的设计目的是为项目生态运转提供推动力，通过发行机制、激励机制、回收机制、稳定机制促进节点上链、产品上链、用户上链、信息上链、资本上链。共享别墅的通证经济模型如图9–8所示。

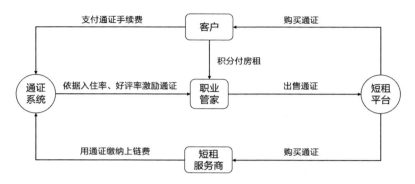

图 9-8　共享别墅链的通证经济模型

（1）通证获取。业管家在运营过程中提供更优质的服务和价格以及更积极的推广宣传，是平台吸引客户的重要手段。因此通证激励规则突出对职业管家的激励，占当期分配通证的 60%。同时会对用户转介绍给以较高的激励，占当期分配通证的 15%。

记账激励针对获得记账权的记账节点（短租服务商），根据规则每 24 小时分配一次，分配比例为当期收取交易手续费的 50%，其余 50% 由系统回收并销毁。

（2）通证使用

1）上链费。短租平台需要源源不断的房源上链，短租服务商作为房源供给端，对于每个房源上链都要缴纳一定数量的通证作为上链费，这部分费用对于短租服务商来说是通过通证系统激励职业管家的重要手段。为了不增加短租服务商成本，我们设定上链费以短租服务商房源租赁收益的固定比例为依据计算通证数量。

2）房租。客户支付房租可使用通证，通证获取方式包括向职业管家兑换，或自行在其他客户手中收集。

3）手续费。客户使用积分支付房租需要向系统支付手续费。

（3）通证循环。共享别墅链的通证增值路径比较简单，通证在职业管家、客户短租服务商、系统之间循环（见图9-9）。职业管家是通证体系中的供给方，短租服务商是通证体系中的需求方，系统是通证调节工具，一边向职业管家输出通证，一边从短租服务商手中收回通证并销毁，维持合理的供不应求即可保障通证价值稳定和增值。

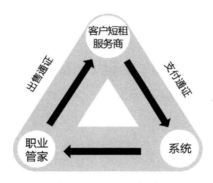

图9-9　通证循环机制

非常重要的是，这个增值模型需要不止一个短租服务商加入才能成立。平台并非一个短租服务商的自营平台，而是独立的第三方平台，所有短租服务商都是平台的服务对象，只有这样才会共建一个多方共赢的通证生态。

共享别墅链是典型的互联网场景，通过通证设计把本是竞争对手的短租服务商变成合作共赢的通证生态成员，这对已经充分竞争的互联网中介服务行业应该有所启示。

9.6 瘦身社区链

9.6.1 项目背景

瘦身市场可分为运动瘦身、饮食瘦身两大类。运动瘦身通过专业场所集中健身、公共场所自由健身、家庭健身、私教服务、健身类 App 等手段实现。饮食瘦身靠功能型瘦身食品、健康化快消食品实现。从我们对各种形式的瘦身形式和效果的调研来看，每年都有大量人群加入减肥瘦身阵营，其中 90% 选择运动瘦身，但是真正能够坚持到减肥成功的人寥寥无几。倒不是说运动不能减肥瘦身，真正的原因是人类的动物本性潜意识对能量消耗是抗拒的，我们的基因与几万年前的智人没多大区别，我们吃东西是为了储存能量以应对生存危机，而运动不但消耗能量还降低安全感。说白了，运动瘦身是一种反人性活动，所以办健身卡的人很多，经常去健身房健身的人很少。

实际上减肥瘦身的本质是控制人体的热量差，运动在其中的作用只是锦上添花。依靠健康的饮食习惯，人就可以保持一个比较健康的状态。毕竟人都是需要活动的，也是有基础代谢的。哪怕一个不运动的白领，每日基础代谢以外的消耗也能占总消耗的 20% 以上。所以把关注点放到健康饮食上，既能满足人的能量摄入欲望，又能解决减肥瘦身的问题，在此基础上加入少量非刻意运动就会达到无压力减肥的效果。

艾媒数据中心一份研究报告指出，中国功能型瘦身食品市场规模 2023 年有望超 4000 亿元。数据显示，2019 年，中国功能型瘦身食品市场规模达 1945.3 亿元，预计 2023 年增长至 4020.8 亿元，年均复合增长率达 19.9%。功能型瘦身食品包含代餐产品、药品、保健品等，其中代餐产品从膳食方面进行营养科学搭配，健康性较强。随着中国投入该领域的企业增多，市场保持快速发展的态势。

9.6.2 解决方案

可以打造一个有减肥瘦身意愿的人互帮互助的自治社区（见图 9-10），共同实现无压力减肥瘦身目的，让更多人拥有魔鬼身材和快乐生活。新的商业模式将专业健康管理咨询服务融入社区建设中，并基于用户特定需求打造各种产品，解决传统瘦身减肥行业中用户无法获得个性化专业建议，食用减肥食品不安全，或因为减肥食品不符合口味而无法长期坚持等痛点。

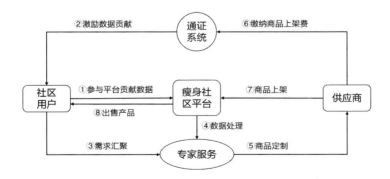

图 9-10 瘦身社区解决方案

瘦身社区平台会通过区块链系统发行一种通证，用来激励瘦身社区平台用户的参与和数据贡献。当社区用户产生有价值的产品需求，社区专家团队会对用户需求进行汇聚、分析、评估，给出产品适用人群、使用方式等专业建议，对于需要改良或创新的产品直接给出配方，通过社区招商生产单位进行定制化生产，中标的生产单位可通过缴纳上链费的方式将产品在社区平台销售。我们的创新解决方案解决以下几个问题。

（1）以卖需求的方式解决需求问题。把需求者、经验持有者、专业人士、产品供应商连接到一个平台上，与传统互联网平台不同的是，我们是以消费者为核心的需求群体，基于专业化运营，形成可确定的有价值的需求，通过招商、严选等形式把需求卖给产品供应商，以更低的交易成本解决需求，这是一种经营需求的新模式。

（2）以共识机制设计解决信任问题。社区是去中心化组织，没有唯一的操纵者，重要决策都需要集体投票，达成共识才能执行，这就有效解决了中心化系统的道德风险和不可信任问题。比如中标供应商的选择、专家意见的采纳、产品价格的合理性，等等。

（3）以通证经济模型解决社区稳定发展问题。社区使用通证经济模型对社区生态成员进行激励和约束，保证社区生态系统能够稳定持续地运行下去，也为建设更大社区、产生更广泛的影响力奠定基础。

◎ 通证经济模型

社区发行一种专用代币通证，总量固定以两年为一个周期循环释放。

（1）通证激励计划。挖矿激励的行为主要有用户注册、产品消费、社区内投票、点赞、分享、学习、互动、发瘦身饮食动态、签到等（相关比重和激励主体见表9-7）。所有奖励均实时测算和提示可能奖励值，次日结算实际值到账。挖矿启动时间设定在注册用户突破 10,000 人以后开始（10,000 人以内按冷启动计划执行）。

表9-7　瘦身社会平台激励规则

激励行为	计量单位	比例（权重）	激励主体
用户注册	人	10%（50:30:20）	注册人；推荐人；KOL
产品消费	金额	60%（80:20）	消费人；推荐人
互动激励	次	5%	参与者
发瘦身饮食动态	次	15%	发布者

（2）冷启动计划。冷启动是为了更快地获得前 10,000 个社区用户而准备的特殊奖励，社区将总规模 5000 万个通证用于冷启动计划中。冷启动期间注册奖励（个人首次注册奖励 500 个）、推荐奖励（推荐普通用户注册奖励 100 个，推荐等级会员，按会员所得奖励的 20% 奖励）。当会员达到 10,000 人时启动挖矿计划，本计划剩余额度继续按本规则发放，用完为止。

（3）通证使用场景。当某个供应商的产品获准在社区平台上架销售时，需要按上架金额向系统支付上架费。上架费采取保证金形式先交后返，每实现一单，销售系统自动扣收上架费，上架费为产品销售额 10% 对应通证数量，永久不变。产品下架保证金退还。

供应商上架产品可自行确定是否接受用户使用通证购买，如接受则通证具有抵现功能。

（4）KOL[①]激励计划。社区运营中 KOL 是关键角色，我们针对有突出贡献和高流量用户设计专门激励计划。KOL 考核两个指标：直接推荐 10 人以上加入社区、本人粉丝量超过 100 人。KOL 可参与每次系统回收通证的 10% 分红奖励；还具备推荐新品评测或上架资格（需通过审核）。KOL 参与分红的规则采取粉丝权重换算方式，每个符合条件的 KOL，其粉丝量在固定结算时点持有通证的余额总计占全平台用户通证总余额的百分比，即为权重值。计算公式如下：

KOL 应分配数额 = 粉丝持有通证总余额 / 全平台用户通证
总余额 × 当日应分配数额

当日应分配数额 = 上一日系统收回通证总额 × 0.1

每个用户最多可以成为 1 个 KOL 的粉丝，每年可变更两次。

（5）循环激励计划。系统收取的产品上架费通证，其中 40% 直接销毁制造硬通缩；10% 用于奖励 KOL 群体；50% 转入储备池。储备池部分用于两年后挖矿通证全部分配后启动，部分用于接下来两年的挖矿激励，如此循环每两年启动一次储备池。

（6）通证循环机制。通证是一种使用区块链技术确权的数字资产，具有安全性、唯一性、可流通转让特点。当生态规模和应用场景发生变化，可能会因供需波动引起价值波动。为了保证通证能够稳定发挥激励约束作用，必须建立有效的通证循环机制（见图 9-11）。

---

① 即关键意见领袖。

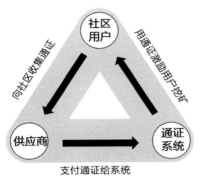

图 9-11　通证循环机制

第一推动力：供应商向社区收集通证支付上架费，产生需求。

第二推动力：系统收回通证销毁产生通缩，提升通证购买力。

第三推动力：通证购买力提升，吸引社区用户增长，用户增长吸引产品供应商参与，推动通证需求增长。

这个场景的模式设计是对电商行业商业模式的一次颠覆性尝试，我们习惯了先有产品再找买家的商业模式，于是流量和渠道越来越重要。只要出现一个新的流量渠道，就会迅速成为卖货场景，然后很快流量红利就会消失，那些没赶上流量红利的商家加入时已经变成红海竞争。这种拿着产品找渠道的经营模式已经越来越难以生存。我们定义的新场景是发现需求、搭建平台、凝聚共识、赋能实体的策略，这是一种打造可持续渠道入口的模式，是对传统销售模式的进一步打击，从经营产品转向经营用户、经营需求，这是拿着需求找产品的新商业逻辑，希望对有社群基础的读者有所启示。

9.7 数字文创链

9.7.1 项目背景

新文创是最近几年才流行的创新模式，以故宫文创为典型代表，最早是由腾讯集团副总裁程武在 UP2018 腾讯新文创生态大会上提出的。新文创指的是在新时代下，一种以 IP 构建为核心的文化生产方式。其核心目的就是打造出更多具有广泛影响力的中国文化符号。

2018 年 8 月 7 日，瞭望智库发布报告，"新文创"被纳入中国互联网六大趋势之一。新文创创新的核心内涵包括三个方面：一是从内容升级为体验，不但要有好的内容，而且同时还要有好的形式；二是可以广泛参与的，而且是动态发展的；三是追求文化价值与产业价值的良性循环。

哪里有文化 IP 资源，哪里就有新文创的机会，本项目依托"唐卡"这一独特文化 IP，打造一个数字化文创应用平台，赋能收藏家、爱好者和制造商。

唐卡是藏族文化中一种独具特色的绘画艺术形式，具有鲜明的民族特点、浓郁的宗教色彩和独特的艺术风格。唐卡用明亮的色彩描绘出神圣的佛的世界；传统上是全部采用金、银、珍珠、玛瑙、珊瑚、松石、孔雀石、朱砂等珍贵的矿物宝石和藏红花、大黄、蓝靛等植物为颜料以示其神圣。这些天然原料保证了所绘制的唐卡虽经几百年的岁月仍是色泽艳丽明亮。因此唐卡被誉为中国民族绘画艺术的珍品，被称为藏族的"百科全书"，也是中华民族民间艺术中弥足珍贵的非物质文化遗产。

传统唐卡的绘制要求严苛、程序极为复杂，必须按照经书中的仪轨及上师的要求进行，包括绘前仪式、制作画布、构图起稿、着色染色、勾线定型、铺金描银、开眼、缝裱开光等一整套工艺程序。制作一幅唐卡用时较长，短则半年，长则需要十余年。

专业唐卡收藏者通常花费大量时间和金钱去寻找上师亲手制作的唐卡并视为珍宝，每一幅作品都是稀有孤品。一方面唐卡极度稀缺且价值高昂，令众多信仰者望而兴叹，有幸得到的收藏者更是舍不得出售和展示；另一方面收藏者们又没办法让这些收藏品为他们创造经济价值。事实上这也是很多艺术品收藏家面临的共同困境。

9.7.2 解决方案

◎ 业务模式

我们发现唐卡的艺术特点非常适合用于装饰和美化环境或器皿，带有唐卡图案的产品具有鲜明的独特性和可辨识度，而且寓意深刻。以唐卡图案为素材制作服装、器皿、工具、包装等各种产品，既能满足消费者对文创产品的消费需求，又能解决收藏家藏品变现问题。

我们打造一个唐卡数字影像通证化管理平台（见图9-12），将优质唐卡作品数字化后以不可拆分通证方式确权。通常一幅唐卡作品可以拆分成若干个独立的局部图案，每个局部图案都具有使用价值。收藏家拿到所有局部图案的 IP 通证即可在我们专门设计的去中心化文创平台拍卖这些 IP 通证的使用权，购买到 IP 通证的投资人即成为电子图案的 IP 投资人。

IP 投资人可以将图案用于自己需要的个性化实物产品定制，也可以批量生产产品在文创平台销售。如果将 IP 通证出售给其他投资人，则立刻失去 IP 使用权，所有未出售实物产品必须下架，否则即视为侵权。

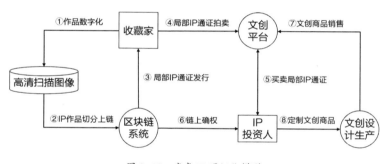

图 9-12 唐卡 IP 通证化模型

◎ 通证经济模型

这个解决方案中有两类通证，一类是与每个局部图案 IP 所有权对应的非同质化通证，这个通证与其所对应的图案会永久保存在链上，以分布式存储技术进行存储，可在文创平台上进行交易。

第二类通证是用于交易的支付工具，这取决于我们的非同质化通证是基于哪个公链开发的。如果使用以太坊作为开发平台，那么支付工具就是以太币；如果使用自己搭建的公链或者联盟链，支付工具就是这条链上发行的专用代币；如果中国央行发行的 DC/EP 全面流通，且支持蚂蚁链、腾讯 TBaas 的话，也可以使用这些第三方公链基础设施管理 IP 通证，使用 DC/EP 作为支付工具。作为支付工具的专用代币，其通证经济模型由其所搭载的公链开发设计。

在这个商业模式中，由于是将版权作品数字化切分，所以任何使用者都没有完整作品所有权，想要克隆一个盗版的完整数字作品甚至实物作品是不可能的，因为原作品持有人只需预留几个局部图案不参与交易，就没有人能够拼出完整的图案。更重要的是，我们实现了版权保护与版权使用同步，版权需求者就是消费者。希望这一场景设计对艺术收藏品的商业化创新有所启示。

9.8　正餐酒店赋能链

9.8.1　项目背景

所谓正餐酒店，是指以商务餐和多人聚餐为主的堂食餐饮业态。其特点是营业面积较大、直营为主、员工较多。本项目的设计目的是解决门店扩张、持续获客、增加复购以及员工激励等问题。

9.8.2　解决方案

◎ 业务模式

我们这次的区块链 + 餐饮品牌升级计划主要包括两个内容，即品牌合伙人计划和员工激励计划。我们将通过发行消费承诺券、品牌资产通证，设计通证经济模型等手段，建立起由消费者、员工、品牌三位一体激励相容的生态体系（见图9-13）。

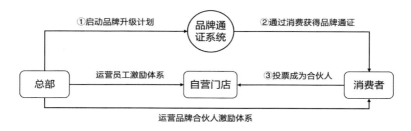

图 9-13　自营连锁餐饮品牌通证解决方案

（1）品牌合伙人计划。所谓品牌合伙人，是指持有品牌通证的任何人。品牌通证内置品牌权益，可获得门店经营奖励、可参与新店选址等经营决策投票，是记录在区块链上的数字资产权益。我们将根据品牌发展需要发行一定数量的品牌通证，消费者可通过进店消费或其他方式取得品牌通证，成为品牌合伙人。

（2）员工激励计划。员工激励计划是指将品牌通证作为期权奖励发放给全体员工，替代股权激励手段。以品牌通证所附带的权益价值激励员工，通过品牌利益与员工利益的一致性设计，实现激励相容。具体员工激励计划由公司制定，无论应分配多少，都应坚持 30% 按月发放，70% 按年发放的原则，按月发放部分应与门店业绩和考核挂钩，按年发放的部分与岗位和责任履行挂钩。

◎ 通证经济模型

品牌通证是用来贴现品牌价值的权益凭证，使用同质化通证协议共产出 11 亿个，其中 1 亿个用于员工激励，10 亿个用于消费承诺券履约挖矿。

消费承诺券是一种通过消费可以获得品牌通证激励的承诺凭证。消费承诺券通过门店或系统平台出售，购买消费承诺券需支付 1% 的承诺费（每购买 100 元消费承诺券需支付 1 元现金）。每张消费承诺券内含 100% 的品牌通证，购买消费承诺券的成本可抵现消费。

（1）如何获得品牌通证。持有品牌通证即可成为品牌合伙人。获得品牌通证的途径只有两种：一是成为员工接受期权激励，二是购买消费承诺券并激活。

1）消费领取。品牌通证可以通过使用消费承诺券领取，消费承诺券持有人只需在进店消费时要求进行承诺券记账即可。比如持有 1000 元消费承诺券，进店消费结账时消费 500 元，即可在结账时要求门店对你持有的承诺券进行记账处理，证明你已履行了 500 元消费承诺，完成记账后即可领取已消费额度对应的品牌通证奖励。

2）充值领取。当合伙人需要提前获得品牌通证时，可以按剩余未履行消费额度充值现金到会员账户自动领取品牌通证，之后合伙人可随时进店消费充值账户余额，但充值账户现金不可提现，不可转让。

3）分享激活和自动收回。品牌通证领取成功后处于冻结状态，需要通过分享才能激活。系统规定分享多少激活多少，如果账户有1000个冻结通证分享给别人300个账户还剩700个，其中300个已激活、400个冻结，得到别人分享的通证也需要再次分享才能激活，以此类推。账户中有冻结的品牌通证必须在30天内分享激活，否则自动销毁。

（2）品牌通证使用场景。合伙人平台正式运行后，我们会陆续开通门店合伙人投票功能，消费或者可使用品牌通证向已开放门店投票，投票成功即成为门店合伙人，每天可参与瓜分相应门店上一日经营收入的3%奖励金。具体获得奖励金数量与参与瓜分的品牌通证总量和门店收入有关，计算公式为：

本日应得奖励金=本人投票数量/门店投票总数×门店昨日可分配奖励金

每次投票会自动锁仓30天，锁仓期间的品牌通证不能转出所投门店，锁仓结束后不再享受奖励金瓜分权益。同时每次自动解锁系统会收取20%品牌通证作为资源占用费销毁。若不想被自动解锁，必须在30天内有进店消费记录，每次消费可延长15天锁仓期，连续15天未进店，自动解锁并收取20%资源占用费。自动解锁后可重新选择门店投票，同样会先锁仓30天然后按以上规则执行。

为了使通证内含价值相对稳定，我们为每个门店设定可投票总量，公式如下：

门店可投票规模=上月日均可分配奖金总额/0.02（最小收益单位）×平均客单价×本期消费奖励乘数

门店可投票数量每月 1 日更新，根据自动解锁情况实时变动剩余规模，投票人可随时加入。

（3）品牌通证充值。用于员工期权激励的品牌通证是唯一在平台系统外产生的通证，员工需要充值到系统平台内才能参与门店投票。由于通证充值属于向平台增加供给的行为，所以需要进行规模限制。系统平台根据通证销毁情况每月公布可充值规模，有充值需求的用户，可预约充值规模，规模用尽自动停止充值，等待下一次规模释放。

平台不提供通证提现功能，一旦品牌通证被充值到平台，则无法再次转出。未充值的品牌通证可以在钱包之间进行交易流通。

（4）品牌通证增值模型。我们将品牌价值植入品牌通证中，使品牌通证成为可收益、可传承的数字资产，长期持有品牌通证可以持续分享品牌发展带来的回报；同时品牌通证自身也会由于其总量固定、需求持续增长，产生通缩效应，这会体现为品牌通证持有价值的提升（见图 9-14）。

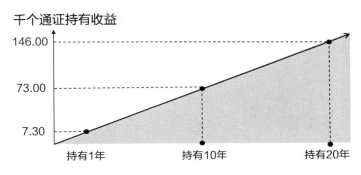

图 9-14　通证持有价值增长趋势

通证改造前的激励模式是按消费额度 5% 给用户积分奖励，这部分积分可替代现金消费，意味着商家对消费者的负债。新商业模式停止 5% 的积分奖励改成 3% 的奖励金瓜分，通过经济模型的设计使复购率和推荐率大幅提升，同时消费者持有的消费承诺券是消费者对商家的承诺，是商家的潜在收入，所有消费承诺券消耗完毕就完成 100 亿元营收。

我们规划设计每 1000 个已投票通证日回报额不低于 0.02 元，每年可获得 7.3 元回报。持有 10 年可获得 73 元收益，持有 20 年可获得 146 元，看似不多但这是免费获得且能够持久回报的权利通证，如果把解锁销毁、激活失效和门店数量增长等因素考虑进来，参与投票的品牌通证会越来越少，通证内含的权益价值会越来越高。

正餐酒店项目的通证经济模型创新性在于首次用于员工激励场景。将品牌通证作为期权激励工具，不但有效达成激励目的，还比股权激励更胜一筹，而且不会伤害原有股东利益。希望这个案例对员工激励场景有所启示。

9.9 存货数字资产交易链

9.9.1 项目背景

这是一个基于区块链技术的易货融资平台，项目定位是解决小微企业融资难和存货流动性差等现实问题。小微企业融资难是一个常态化问题，几十年来一直都是国家金融政策的重要命题。鉴于到目前为止还没有特别行之有效的解决方案，我们尝试用当下最先进的技术工具和创新思维——区块链技术和通证经济模型创新，为小微企业融资难设计一个解决方案。这个方案可能现阶段还无法实施，需要等待资产上链技术的全面应用，但可以在小范围内先行先试。

9.9.2 解决方案

◎ 业务模式

我们需要搭建一个去中心化数字资产交易平台，发行一个稳定币通证，开发一套交易存证系统（见图9-15）。

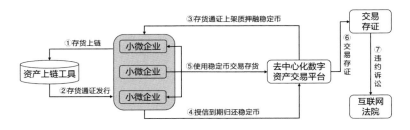

图9-16 易货融资平台实现方案

存货上链：小微企业首先要把库存产品或者是可以提供的服务（比如酒店的客房产品、饭店的消费券）通过资产上链工具确权形成存货通证。

存货通证上：拿到存货通证后登录去中心化数字资产交易平台将存货通证上架。已上架的存货通证可以向其他用户出售，也可以向平台质押申请融资。

存货融资：如需向平台融资，可将存货通证质押给平台申请融资，如通过平台审核即可得到平台发行的稳定币。

稳定币发行：平台发行的稳定币均锚定用户上架的存货资产，但不需要移动货物，只需将存货通证质押给平台。

易货交易：在去中心化数字资产交易平台中，每个用户都必须使用稳定币进行交易，稳定币背后就是实物存货的锚定。所以当你用稳定币购买别人的产品或服务时，本质上就是一种易货行为，只是不需要对方一定接受你的存货才能和你交易，这就解决了易货交易中撮合配对的难题。

稳定币清算：稳定币融资是有时间限定的，当融资到期时，借款人需要向平台偿还稳定币本金和利息，偿还方式为回购质押平台上的剩余存货通证。如果无法回购，视同违约，系统会自动向互联网法院起诉。互联网法院是平台联盟节点，会在第一时间结案并将你列为失信人。

◎ **通证经济模型**

本项目锚定存货发行平台币，平台币锚定人民币定价，以存货通证为质押品实时清算。质押品入库，平台币发行；质押品出库，平台币销毁。存货上链时所发行的通证为不可拆分通证。所以本项目的通证经济模型比较简单，并无激励机制设计，只有融资质押率、时间、利息和罚息等金融产品设计。

基于区块链技术的易货融资平台是一个非常有价值的创新，它可以为小微企业提供低成本临时现金流，一方面可解燃眉之急，另一方面还可以通过易货交易创造隐性收益。

我们来看一个例子：某饭店准备装修，有三家装修公司参与竞争，A公司出价100万元，B公司出价120万元，C公司出价140万元。其中B公司可以接受平台币支付。于是饭店选择了B公司。

效果分析：

（1）饭店支付平台币时并没有占用现金，等于以赊账的方式完成装修。

（2）装修公司得到120万个平台币，比出价100万元的多赚20万元，虽然没有拿到现金，但可以把平台币用于支付职工工资，或购买装修材料，且不会产生损失。

（3）饭店在未来的经营中需要提供价值120万元的餐饮服务，来收回120万个平台币，看上去是多付出了20万元，但是饭店的经营成本只有60万元，这比用100万元现金购买A公司服务节省了40万元。另外，饭店的60万元成本支出是在今后慢慢分摊的。

所以如果使用平台币的用户越来越多，形成越来越多的闭环，类似的隐性价值创造就会非常可观。另外，这个模式也是破解三角债的有效手段，希望这个案例能对小微企业金融服务有所启示。

后记

　　区块链落地应用一直是个令人尴尬的话题，很多业内人士都会在各种场合被问到同样的问题："有什么成功的区块链应用案例可以说一下吗，跟我们有关系的那种？"至今为止很多人仍然无法给出满意的答案。能够拿来说的几个案例，比如深圳税务的区块链发票、商业银行的供应链金融、国家电网有限公司的电能交易，等等，似乎我们看到的绝大多数都是政府、银行和央企、国企的应用，适合普通人、普通企业学习效仿的案例少之又少。好不容易听说一个，可能很快就被定义为非法集资或者资金盘项目，这种尴尬着实令人郁闷。

　　不是说区块链会改变世界吗？不是说所有传统产业都值得重做一遍吗？不是说区块链与互联网有一样的创业机会吗？带着这些疑问，我创作了本书，希望通过我的理论建设和方法论介绍能够让读者看懂普通人、普通企业用区块链创业的一线曙光。

　　我们都知道"红利"这个词。红利也就是机会，什么机会？是需求大于供给的时间窗口。能抓住红利的人通常就是我们所说的成功的人。红利也有很多种，按照影响范围和持续时间，可以大致排列为流量红利、政策红利、产品创新红利、技术进步红利、人口红利和趋势红利。

每一个活下来的传统企业都是某一次红利的受益者，如果把区块链看作是一次红利的话，那么它至少是一次技术进步红利，而我更认为区块链是一次趋势红利，也就是最广泛、最持久的一次红利。在新趋势来临时，各种新的需求会排山倒海般出现，我们要做的就是顺势而为，通过转型升级、创新创业、投资投智，把握新的趋势。

那么区块链带来的是什么趋势呢？我认为是下一代商业趋势，也就是去中心型商业。著名商业顾问刘润把商业分为四种类型，分别是线段型商业、中心型商业、去中心型商业和全连接型商业。

商业进步的目标是降低交易成本，交易成本的形成来自信息不对称和信用不传递。线段型商业是将产品从原料到成品，从制造者到消费者进行首尾相连的层层传递，比如层层批发到零售的交易方式，比如原料生产、零部件生产到产成品生产的交易方式，中间商是线段型商业的重要角色。这虽然最终解决了信息不对称问题，但是成本非常高，因为有中间商赚差价，所以线段型商业是比较原始落后的商业形态。

中心型商业体现为网络平台或超级节点的商业形态，比如淘宝、微信、滴滴、美团、高德。中心型商业几乎把中间商都砍掉了，以提供连接的方式，让供给者与需求者最大限度地直接交换信息。

毫无疑问，中心型商业是对线段型商业的替代。过去有一种职业叫指路，一些人在高速公路出入口举着牌子，为外地来的司机提供指路服务，这赚的就是信息不对称的钱。今天一个出租车司机可以在全国任何一个城市直接上岗，不需要对这个城市道路有多了解，手机导航为你零成本指路。

那什么是去中心型商业？如果说商业进化的终点是交易成本为0，显然中心型商业还远远不够，替代中心型商业的下一代商业形态就是去中心型商业。

怎么理解去中心型商业？小时候，我们一栋楼里只有一家有电视机，一到晚上全楼的孩子都在他家一起看电视，这台电视就是整栋楼的信息中心。后来家家都有电视了，这台电视就不是整栋楼的中心了，变成了自己家人的中心。

以前中央电视台是全国的信息中心，后来地方台和卫星电视普及了，每个频道都能提供不逊色于中央电视台的资讯和娱乐，中央电视台就不再是唯一的信息中心了，而电视仍然是信息中心。后来互联网出现了，我们获得信息的方式更多来自网络，而非电视，电视的中心地位也被替代了。

今天微信、淘宝、京东这些超级中心，也正在被社交电商模式所侵蚀。社交电商规模更小，本来无法跟淘宝和京东去竞争，但是却能让淘宝和京东坐立不安，那是因为去中心化是更先进的商业形态。这不是简单的同质化竞争，而是一种超越和替代。

你可能会发现：上面这些改变不就是多中心吗？没错，多中心还只是通往去中心的过渡，但已经显现出了价值，真正的去中心型商业是建立在对等网络基础上的交易成本更低的商业形态。目前来看，区块链技术就是推动去中心型商业的关键技术。

在趋势机会面前，总是有先知先觉的抢跑者，一类是区块链派生的新行业，其中很多已经实现了丰厚回报；另一类就是区块链技术和理念的应用者。对于传统企业来讲，你所从事的商业活动会在什么时候、多大程度上被去中心型商业所替代，是一个必须思考的问题。我们举两个例子。

基金经理是个"高大上"的职业，不管投资者是赚是赔，他都稳赚服务费。美国有一家公司 Motif Investing，它提供 P2P 形式的社交化证券投资服务，任何用户都可以在网站上发布自己设计的投资组合，网站进行数据跟踪，其他用户都可以看到每个组合的收益状况。如果你的投资组合收益很好，就会有人想要了解你的具体组合构成。这种信息查看或者组合代购，就是网站的收费服务，网站会从收费中支付给你 1 美元。

通过这种平台，很多民间高手也能像基金经理一样发挥作用，并且比基金经理收费更低。这就是投资咨询服务的去中心型玩法，交易成本更低、效率更高、灵活性更强。2019 年，这家公司在美国50 家最具颠覆性企业排行榜上排名第四。

保险行业是公认的最赚钱的行业之一，2015 年，新西兰成立了一家 P2P 保险公司 PeerCover。

这家公司搭建了一个网站，他们不卖保险，而是邀请用户成为联合创始人，在他们的平台上自己设计保险产品。通过 PeerCover 提供的工具，每个人都能创建自己的保险条款，然后邀请自己的朋友加入。当一个保险团体形成时，保险就会生效，如果有人提出索赔且得到团体同意，团体里面的成员就要根据已经同意的条款对这份索赔进行支付；如果社区没有发生理赔，则可以拿回所有钱。这家公司实际上是提供了互助保险的 SaaS 服务，在这个平台上，你可以参与到各种奇葩保险，比如手机掉进便池的保险、不小心踩到狗屎的保险，当然也有很重要的疾病保险、车险、财产险。

去中心型互助保险的理赔成本远远低于传统保险，甚至可以达到 0，我们所熟知的阿里巴巴"相互宝"，只是使用了区块链存证技术就把理赔成本降到了 10%，而传统保险公司的理赔成本最低也要 20%，平均都在 30% 以上，这就是去中心型商业用降低交易成本颠覆保险行业的可能性。

通常趋势红利来临的时候，还会有很多附加红利出现，比如政策红利。2019 年 10 月 24 日中国政府对区块链的高调定位就是明确的政策红利信号，随之而来的是地方政府的区块链园区建设、招商引资政策、区块链专项基金。当你所在的行业已经不在政府支持范围内时，这一波政策红利也自然和你无缘。

还有资本红利，2018 年 6 月杭州趣链科技有限公司拿到新湖中宝有限公司领投的 12.3 亿元风险投资，令人咂舌。可以确定 2020 年开始，风险资本，也包括头部企业的内部投资对区块链的资金供给一定会更加充足。这几年如果你要创业，商业计划书中没有提到区块链，那么你的融资成功率可能都会受到影响。

今天无论是传统企业还是创业者，都面临一个选择：要不要参与新的"三大战役"竞争？这"三大战役"是机会之战、政策之战和资本之战，你不参战就是坐等出局。

附录

小测试

单选题

1. 以下哪个不是区块链技术用语？

    A. 联盟链   B. 公链

    C. 信用链   D. 私链

2. 以下哪个是比特币和以太坊两种区块链技术的区别？

    A. 共识机制   B. 挖矿算法

    C. 智能合约   D. P2P 网络

3. 以下哪个不属于当前区块链技术的应用场景？

    A. 存证   B. 预测

    C. 溯源   D. 国际汇兑

    E. 供应链金融

4. 以下哪个不是区块链的技术特征？

    A. P2P 网络   B. 哈希加密技术

    C. 零知识证明   D. HTTP 协议

5. 区块链的本质是制造什么的机器？

    A. 价值   B. 信任

    C. 链接   D. 货币

6. 我国政府对区块链技术的态度现在是什么样的？

    A. 观望   B. 严令禁止

    C. 作为试点应用技术小范围发展

    D. 作为核心关键技术支持发展

7. 以下哪个不是通证经济模型设计的理论基础？

    A. 激励相容   B. 纳什均衡

    C. 系统动力学   D. 囚徒困境

8. 区块链技术是哪一年出现的？

    A. 2018 年   B. 2008 年

    C. 2015 年   D. 2013 年

9. 区块链挖矿是什么意思？

    A. 获得记账权的过程   B. 挖出黄金的过程

    C. 探索宇宙的过程   D. 找到某人的过程

10. 区块链是一种加密的分布式记账技术，主要解决交易的信任和安全问题，最初是作为什么的底层技术出现？

    A. 电子商务   B. 证券交易

    C. 物联网   D. 比特币

火山令认证

　　《火山令》是本书作者设计的一种通证，读者需在留言区按要求留言（留言格式见下图），并通过"九章链术"公众号激活兑换50个通证，有机会获得意外收获和多重权益。

火山令

请将小测试答案写在下面：

序号	答案	序号	答案
1		6	
2		7	
3		8	
4		9	
5		10	

您对本书的
理解程度：　　　　　　　%

您对本书的
处理意见：
　□　烧了取暖
　□　再读一遍
　□　收藏赚钱
　□　推荐别人